増補版

新材料力学
マイクロ構造体設計の基礎

保川 彰夫
Yasukawa Akio

プレアデス出版

増補版まえがき

　本書の特徴は，ミクロ・ナノ領域に向けての近年の進歩を取り入れ，新時代の各種応用に対応できるように，新しい材料力学の入門としての基礎知識を再構築し，これを豊富な図版と簡潔な記述をもって短時間に把握できるようにした点にある．初版から9年経過した現時点においても，本書の基本的な枠組みは充分有用である．

　新訂版の出版にあたっては，付録部分の充実化に力を入れた．これに目を通していただくことにより，新しい材料力学の基礎として重要な各種分野を一通り把握できるはずである．

　2014年9月16日

初版まえがき

　現在，材料力学の適用分野は，従来の機械構造物に加えて，各種の新しい分野へ，急速に拡大しつつある．重要な新分野の一つが，電子デバイスをはじめとするマイクロ構造体の分野である．この分野は，マイクロマシン，さらにはナノマシンへとつながってゆくと考えられる．こうした新分野への適用拡大に対応して，材料力学も，新しい観点から捕らえなおす必要が生じてきた．本書で強調したのは，力学現象の原子レベルからの理解であり，応力や破壊現象の性質に関するくっきりしたイメージの把握である．

　著者は，長年開発現場で，電子デバイス・実装の構造開発実務及び現場技術者の教育に携わってきた．新しい分野での開発では，困難な問題にぶつかり，開発が難航することも多い．問題解決のために，理論，実験を含むすべての知識，手段が動員されることになる．ここで重要となるのが，問題となる現象について，いかに物理的に明確なイメージをもてるか，ということである．本書では，著者の現場技術者への教育経験も踏まえ，物理的イメージを直感的に把握しやすいように，図版を用いた説明に工夫をこらした．また，現象の支配因子を明確にする上で有用な各種数式も紹介している．これらの数式は，大学教養レベルの数学知識で十分理解できるものとしてある．

　本書は，開発現場の技術者のために書き下ろした．電子デバイス関係などの技術者で，これまで機械系の学問になじみのない人にもわかるように，基礎から説明してある．したがって，学生の参考書としても役立つと考える．しかし，すでに材料力学を学んだことのある読者にも，ミクロな材料力学現象の把握の面で新しい視点を提供できるものと考える．

2005 年 4 月 10 日

著　者

記号の説明

α ： 線膨張係数，応力集中係数，反応率
β ： 接合層のボイド面積率，ピール応力分布支配パラメータ，疲労曲線の指数
γ ： せん断ひずみ，表面エネルギ
Δ ： 範囲，変化量，微小量，δ：変位，伸び，ずれ
ε ： 垂直ひずみ，誘電率，光子のエネルギ
θ ： 温度，角度，表面の被覆率
λ ： 接合層せん断ひずみ分布支配パラメータ（接合層剛性比），特異場指数，速度定数，伸長比
μ ： 粘性係数，透磁率，移動度，μ_m：磁気双極子モーメント
ν ： 振動数，ポアソン比，動粘性係数，$\tilde{\nu}$：波数
ξ ： 無次元化座標（接合層の中央で0 端部で1）
π ： ピエゾ抵抗係数，円周率
ρ ： 曲率半径，確率密度，密度，比抵抗
σ ： 垂直応力，標準偏差，導電率，シュテファン・ボルツマン定数，σ_Y：降伏応力
σ_{S1}, σ_{S2}：温度サイクルの最低温度保持時と最高温度保持時の見かけの降伏応力
τ ： せん断応力，平均生起時間
ϕ ： 静電ポテンシャル，角度
Ψ, ψ：波動関数，角度
Ω ： 原子一個当たりの体積
A ： ベクトルポテンシャル，断面積，物理量，定数
a ： き裂深さ，半径，格子定数，熱拡散率，加速度，ポテンシャルパラメータ
B ： 伸び剛性，移動度，磁束密度，b：幅
C ： 弾性定数，曲率，濃度，静電容量，定数，c：弾性定数の成分，音速，光速
D ： 原子間結合エネルギ，曲げ剛性，疲労被害，拡散係数，電束密度，d：直径
E ： ヤング率，電界，全エネルギ，Ea：活性化エネルギ
e ： 素電荷量，接合層中心から被接合部材中立軸までの距離，e：自然対数の底数
F ： ヘルムホルツの自由エネルギ，力，ファラデー定数，f：関数，安全率
G ： ギブズの自由エネルギ，横弾性係数，$\mathcal{G}$：エネルギ解放率，g：重力加速度

H：高さ，被接合部材などの厚さ，磁界，h：プランク定数，接合層などの厚さ

I：断面二次モーメント，ひずみの不変量，電流，i：虚数単位，整数の変数

J：J積分，物質流束，j：電流密度，整数の変数

K：バネ定数，応力拡大係数，クリープ定数，体積弾性係数，遷移振幅

k：ボルツマン定数，波数，整数の変数

L：接合層などの長さ，電界などのレベル，インダクタンス，l：長さ，方向余弦

M：曲げモーメント，m：質量，クリープパラメータ，方向余弦，磁気双極子モーメント

N：破壊までの繰返し数，原子数

n：主量子数，加工硬化指数，方向余弦，繰返し数，疲労曲線の指数

P：確率，集中荷重，消費電力，p：分布荷重，圧力，電気双極子モーメント

Q：流量，電荷量，共振倍率，電荷，Qm：磁荷

r：半径方向座標，き裂先端（特異点）からの距離，原子間距離，速度（rate）

S：重なり積分，エントロピー，弾性率，コンプライアンス

T：絶対温度，トルク，モーメント荷重，座標変換，マクスウェル応力，t：時間

U：対象系のポテンシャルエネルギ，変位，Ue：弾性ひずみエネルギ密度

U_f：負荷系のポテンシャルエネルギ，U_T：全ポテンシャルエネルギ

V：体積，電圧

W：パワースペクトル密度，放射パワー，弾性ひずみエネルギ密度関数

u：x方向変位，伸び，電磁場のエネルギ密度，原子間ポテンシャルエネルギ（結合一本当たり）

v：y方向変位，たわみ，速度（velocity），原子間ポテンシャルエネルギ（原子一個当たり）

w：z方向変位，たわみ，放射パワー密度

x, y, z：直行座標

X, Y, Z：x, y, z方向の物体力

Z：断面係数，分配関数，核電荷，配位数（隣接原子数）

目　次

増補版まえがき……………………………………………………………… *i*
初版まえがき………………………………………………………………… *iii*
記号の説明…………………………………………………………………… *iv*

第1章　序論 …………………………………………………………… *1*
　問　題 …………………………………………………………………… *5*

第2章　原子レベルから考える ……………………………………… *7*
　2.1　現代物理に基づく世界観 ………………………………………… *8*
　2.2　量子力学と波動関数 ……………………………………………… *10*
　2.3　根本理論から連続体力学へ ……………………………………… *14*
　2.4　原子間ポテンシャル ……………………………………………… *16*
　2.5　原子間ポテンシャルの関数形の考え方 ………………………… *23*
　問　題 …………………………………………………………………… *24*

第3章　応力解析の基礎 ……………………………………………… *27*
　3.1　単純な負荷状態での応力とひずみ及びその基本的関係 ……… *28*
　3.2　熱膨張を考慮した応力—ひずみ関係と熱応力 ………………… *30*
　3.3　非線形現象 ………………………………………………………… *32*
　3.4　永久変形の原子レベルのメカニズム …………………………… *34*
　3.5　多軸状態での応力とひずみ ……………………………………… *37*
　3.6　3次元での応力—ひずみ関係 …………………………………… *42*
　3.7　原子レベルでの応力 ……………………………………………… *44*
　3.8　原子の熱振動による応力のゆらぎ ……………………………… *47*
　3.9　応力解析の基本的な流れ ………………………………………… *48*
　問　題 …………………………………………………………………… *49*

第4章　線形弾性応力解析　　51

4.1　応力解析の基礎式と解法　　52
4.2　棒状部材の引張り，曲げとねじり　　53
4.3　重ね合わせの法則と解の唯一性　　61
4.4　弾性床上のはり　　61
4.5　応力集中　　65
4.6　応力拡大係数　　67
4.7　エネルギ解放率　　71
　　問　題　　72

第5章　脆性材料と延性材料　　75

5.1　脆性材料と延性材料の破壊挙動の違い　　76
5.2　脆性材料のき裂先端の原子レベル解析　　78
5.3　延性材料のき裂先端近傍の状態　　83
5.4　繰り返し負荷に対する材料挙動　　84
5.5　脆性材料と延性材料の強度評価の考え方のまとめ　　86
　　問　題　　87

第6章　異種材料接合構造の熱応力とその性質　　89

6.1　異材接合構造の支配方程式　　90
6.2　接合層のせん断ひずみ　　93
6.3　被接合部材の応力　　95
6.4　接合体のたわみ　　96
6.5　接合層の厚さ方向の垂直応力　　97
6.6　接合層剛性が高い場合の補正　　98
6.7　板構造への拡張　　99
6.8　接合構造のさらに詳細な解析　　100
　　問　題　　103

第7章　温度履歴と熱弾塑性クリープ挙動　　105

7.1　弾性体の場合の温度履歴にともなう挙動　　106
7.2　弾完全塑性体の場合の挙動　　108
7.3　弾塑性クリープ特性を示す材料の場合の挙動　　110

7.4	ひずみ範囲の簡便な計算法	112
7.5	半導体チップ接合構造の熱弾塑性クリープ挙動	115
問　題		117

第8章　マイクロ構造体における材料力学上の主要課題 … 119

8.1	弾性係数の結晶異方性	120
8.2	シリコンのピエゾ抵抗係数の異方性	124
8.3	薄膜材料の残留応力と真性応力	127
8.4	静疲労の原子レベルからの解明	128
8.5	はんだの疲労き裂進展解析	132
8.6	エレクトロマイグレーションとストレスマイグレーション	136
8.7	樹脂材料の挙動	136
問　題		138

付録A　統計力学と速度論 … 143

A.1	Γ 空間とギブズ集団	143
A.2	平衡分布	144
A.3	速度論の基本的な考え方	147
A.4	速度論の基本式の拡張	151
A.5	応力を考慮したエネルギ障壁高さの計算	153

付録B　強度評価に用いられる主要パラメータ … 158

付録C　各種速度現象の式 … 160

C.1	各種速度の式	160
C.2	各種流束の式	162
C.3	各種拡散距離の式	163
C.4	微粒子の移動現象	164

付録D　電磁気学と材料力学の間の対応関係 … 171

D.1	基本的な対応	171
D.2	簡単な具体例での対応	173
D.3	力学系と電気系の対応例	174
D.4	弾性波と電磁波の対応	174
D.5	各種振動数での電磁波と弾性振動	176
D.6	マクスウェル応力	177

付録E　単位 ··· *183*
　E.1　SI 基本単位 ··· *183*
　E.2　角度を表す SI 組立単位 ··· *184*
　E.3　代表的な SI 組立単位 ··· *184*
　E.4　単位の接頭語 ··· *185*
　E.5　重要な物理定数 ··· *186*
　E.6　原子レベル解析で重要なエネルギ単位の換算 ··························· *186*
付録F　ギリシャ文字の読み方 ·· *189*
付録G　数学公式 ··· *191*
　G.1　テイラー展開と線形近似 ··· *191*
　G.2　よく使われる関数の記号と定義または公式 ····························· *191*
　G.3　基本的な微積分公式 ··· *192*
　G.4　フーリエ変換公式 ··· *192*
　G.5　場とテンソル ··· *193*
付録H　ランダム振動による疲労の寿命予測公式 ································· *194*
付録I　大ひずみにおける各種ひずみ ··· *199*
付録J　各種の内部応力 ··· *204*
付録K　各種構造タイプと対応理論 ··· *207*
付録L　安全率その他 ··· *210*
付録M　新材料力学歴史年表 ··· *212*

あとがき ·· *213*

参考文献 ·· *215*

索引 ··· *221*

事例目次

シリコン関係
- シリコンの最外郭電子の波動関数＜事例 2.1＞ ………………………………………… *11*
- シリコンチップ強度の確率分布＜事例 5.1＞ ……………………………………………… *81*
- シリコンの破壊靭性値 K_{IC} の原子間結合エネルギからの算出＜事例 5.2＞ ………… *82*
- シリコン単結晶の弾性定数の異方性（図 8.2） …………………………………………… *123*
- シリコンのピエゾ抵抗係数（比抵抗の応力感度）の異方性（図 8.3） ………………… *126*
- 応力によるシリコンチップ上素子の抵抗変化分布の計算例＜事例 8.1＞ ……………… *126*

実装構造設計関係
- 3 軸拘束による応力の増大：電子部品コーティング用ソフトレジンの拘束応力＜事例 3.2＞ … *44*
- 強制変位を受けるボンディングワイヤのひずみ計算式＜事例 4.1＞ …………………… *59*
- ピール応力分布の計算式＜事例 4.2＞ ……………………………………………………… *62*
- コーティング材に埋め込まれたワイヤに生じるひずみの計算式＜事例 4.3＞ ………… *63*
- 接合材料変更がチップ応力に及ぼす影響の概算＜事例 6.1＞ …………………………… *99*
- はんだの弾塑性クリープ挙動を考慮した応力‐ひずみ関係式と見かけの降伏応力
  ＜事例 7.1＞ ………………………………………………………………………………… *113*
- 半導体チップと基板の接合構造の熱弾塑性クリープ挙動（図 7.6） …………………… *115*
- チップ部品はんだ接合層とボンディングワイヤの疲労き裂進展による残存強度低下挙動
  の比較＜事例 8.2＞ ………………………………………………………………………… *134*
- スイープ加振による疲労の等価繰返し数［演習 C.3］ …………………………………… *165*
- ムーニー・リブリンの式とネオフッキアン・ソリッドの式＜事例 I.1＞ ……………… *200*
- SiO_2 膜の吸湿膨張応力＜事例 J.1＞ ……………………………………………………… *205*
- マイクロセンサのダイヤフラム解析における板理論と膜理論＜事例 K.1＞ …………… *208*

原子レベル挙動解析関係
- 原子間ポテンシャル関数の具体例＜事例 2.2＞ …………………………………………… *19*
- 原子間ポテンシャルの非対称性の応用：ラマン分光によるひずみ測定原理＜事例 2.3＞ … *21*
- 原子間ポテンシャルを用いた弾性定数の計算例＜事例 3.3＞ …………………………… *46*
- 原子レベルの応力ゆらぎの概算例＜事例 3.4＞ …………………………………………… *47*
- 応力の統計力学的平均の式＜事例 A.1＞ …………………………………………………… *145*
- 原子間結合切断のエネルギ障壁の荷重依存性の計算式＜事例 A.2＞ …………………… *153*
- 物性値からの原子間ポテンシャルパラメータ設定例＜事例 A.3＞ ……………………… *156*
- 原子レベル劣化防止のための許容荷重計算例＜事例 A.4＞ ……………………………… *157*
- 金属への酸素分子の吸着挙動と疲労寿命への影響＜事例 C.1＞ ………………………… *166*
- 荷電粒子の周囲の空間に生じるマクスウェル応力＜事例 D.1＞ ………………………… *179*
- 各種マクスウェル応力と通常の応力・圧力のレベル比較＜事例 D.2＞ ………………… *181*

第 *1* 章
序論

第1章 序　論

　材料力学は，各種装置，機械，建築などの構造物やその構成部材の変形と破壊に関する学問であり，製造時や使用時に変形や破壊が生じないように，それらを設計（構造設計）するのに活用されている．

　各種構造物を設計し製作することは，古代より行われてきた．そこでは，長い年月をかけて磨かれた技術が，師匠から弟子へと伝承されてきている．ひとつの例として，現存する世界最古の木造建築と言われている法隆寺を挙げよう（図1.1）．法隆寺は，1300年の長きにわたって，地震や台風の多い日本でこれらの負荷に耐え，今もその優美な姿を我々に見せてくれている[1]．法隆寺建立で活躍したのは，木の心を熟知した匠たちの技の冴えであった．現在の最先端技術の開発現場においても，技術の伝承は重要な位置を占めており，今後とも重要なファクタでありつづけるだろう．

図1.1　伝承技術による構造物の例
法隆寺：現存する世界最古の木造建築といわれる
（写真提供：大井啓嗣）

　古代と現代を分けるのは，技術の加速度的な進歩である．経済発展における技術革新（イノベーション：innovation）の重要性を指摘した理論として，20世紀前半に活躍した経済学者J.A.シュンペーターの企業家（アントレプレナー：entrepreneur）の理論が有名である[2]．シュンペーターは，企業の利益の源泉がイノベーションにあるとした*．イノベーションを経済活動に結びつけるのがアントレプレナーである．この活動の結果としてダイナミックな経済

---

*　シュンペーターの言うイノベーションは，新しい販売市場の開拓なども含む広い概念の言葉であるが，この概念の中でも技術革新が特に重要な要素であることは間違いない．

発展が生じ，消費者は，より豊かな生活を手に入れることができることになる．

現在に至る経済発展の基礎となる，この加速度的な技術進歩を可能としたのが，技術への科学の取り込みであった．経済成長の負の面として，現在クローズアップされている環境問題や資源問題も，科学的な方法論による技術革新により解決されねばならない．

現在，科学と技術は，「科学技術」とひとくくりで述べられることが多い．しかし，歴史的に見ると，技術と科学は別々に発展してきた．技術は職人たちによって伝承され，科学はあくまで，この世界を理解することを目的とする哲学の一分野として発展してきた．しかし，科学と技術は接近し，現在では不可分のものとなったといえる．

材料力学においても，古代の建築技術からガリレオらの研究をへて現代にいたる，科学導入の歴史がある．しかし，今，材料力学はさらに新たな分野へ適用範囲を広げようとしている．重要な新分野の一つが，電子デバイスをはじめとするマイクロ構造体の分野であり，この分野の構造体は，ミクロンオーダーから，さらにはナノオーダーへと微細化されつつある．ここにおいて，科学的方法論をもう一度，基礎から考えてみる必要が出てきた．

科学にも長い歴史があるが，現代科学発展の基礎となる方法論は，16世紀末フランスで生まれた哲学者デカルト[3]によって簡潔に纏められている．デカルトの方法論の要点は次のように解釈できるだろう（図1.2）．まず，解明すべき対象を特定する．次に対象を単純な「要素：element」に分割して考え，

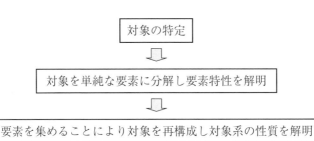

図1.2　デカルトの方法の要点

この要素の特性を解明する（分析：analysis）．さらに，この要素を寄せ集めて元の対象を再構成することにより，「対象系：system」の特性を解明する（統合：synthesis），という手順となる．特に注目すべき点は，複雑な対象を単純な「要素」から解明することを提案している点にある．材料力学においては，このデカルトの方法論における「要素」*に対応するものとして，どのようなものを考えるかによって，現象を捕らえるためのいくつかのレベルのモデルが考えられるだろう．これについては，次章以降で順次述べてゆく．

なお，ここで，材料力学の関連学問について簡単に述べておく．材料力学は「設計」という人間の営みに関連した学問であるため，さまざまな要素が関連してくる．主要な関連学問として，固体の変形・破壊を扱う「固体力学」，設計という人間の行為を研究するとともに合理的な設計の方法論を提案する「設計工学」[4]，装置やシステムの統計的な信頼性を扱う「信頼性工学」[5]が挙げられる（図1.3）．また，特に重要な関連技術として，「製造・プロセス技術」と「計測・分析技術」がある．前者には，半導体素子の高集積化を推し進めている微細加工技術[6]なども含まれる．後者には，物質の中の原子レベルの情報を取り出すために発達してきた分光分析技術[7]なども含まれる．材料力学は，これらの技術の進歩に大いに貢献するとともに，逆にこれらの技術を活用することにより，新しく進歩を遂げつつある．

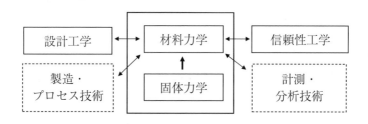

図1.3　材料力学の主要関連学問

---

*　正確には，デカルトは「要素」という言葉は使わず，「問題を最もよく解くために必要なだけの数の小部分に分ける」[3]という言い方をしているが，これはまさに我々の考える「要素分割」であると言える．

これらの学問の中で，本書は，あくまで物理現象としての変形・破壊を扱う「固体力学」を基礎とする材料力学に焦点を当てて説明する．ただし，適用事例の中で，重要な関連技術についても説明してゆきたい．

第1章 問題

[問 1.1]　過去に生じた技術革新の具体例を挙げて，その技術革新にどのような学問が，どのように貢献したか調査せよ．また，将来生じると予想される技術革新の例を挙げて，この技術革新に，どのような学問がどのように貢献すると予想されるかについて述べよ．

第2章
原子レベルから考える

第2章　原子レベルから考える

2.1　現代物理に基づく世界観

　現代物理によれば，物質世界は素粒子とその相互作用力から構成されている（図2.1）．高エネルギー状態においては，様々な素粒子が，発生・消滅し得ることがわかっている．しかし，材料力学の対象とする通常の安定的な物質を構成する素粒子としては，陽子と中性子と電子を考えればよい．これらの粒子に働く相互作用力としては，電磁力と重力がある．陽子と中性子の間には，さらに核力と呼ばれる力も働く．核力は，陽子と中性子を固く結び付け，原子核形成の原因となるが，きわめて短距離でしか働かず，原子核の外にもれだすことはない．陽子と中性子には，さらに下部構造があることが知られているが，通常は，そこまで遡る必要はない．前述のデカルトの方法論における「要素」として，原子核，電子，電磁力，重力の4種類を考えれば十分である．

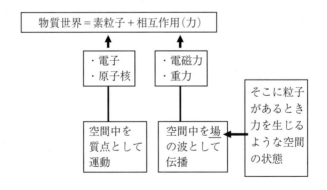

図2.1　現代物理に基づく世界観

　これらの「要素」をどのようなものと考えるかについては，いくつかの理論があるが，最も素直な理解のしかたとしては，原子核と電子は「質点」*とし

て運動し，電磁力と重力は「場」の波として空間を光速で伝播すると考えればよい．「場」とは，そこにある物体（粒子：質点）に力を生じるような空間の状態である．

材料力学の対象とする部材を，原子レベルからイメージしてみる（**図 2.2**）．部材は，原子（原子核と電子）から構成されており，原子は電子を介して働く原子間力により結合されている．原子間力の原因となるのが，電磁力の一種である静電力である（ただし，原子間力は通常の静電力とすこし違った性質を持っている．これについては後で説明する）．原子間力は，原子間距離によって変化するため，原子と原子を結ぶ一種のバネとして作用する．

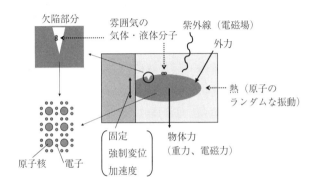

図 2.2　部材を原子レベルからイメージする

部材には，製造時，使用時に各種の負荷が加わる．まず，固定部を介して加わる強制的な変位（強制変位）や，加速度がある．これらの負荷は，固定物体と対象部材の結合面で，固定物体の原子と対象部材の原子の間の原子間力として伝えられる．また，原子の一個一個に直接加わる力が物体力と呼ばれるもので，これには重力と電磁力がある．また，部材の表面に加わる外力がある．外力は抽象化された概念であり，具体的には，負荷を与える物体（例えば人間の指）が部材に接触し，この接触面から，力が伝達されることになる．この場合

＊　質量を持った点．電子はスピンと呼ばれる単なる質点では持ち得ない性質を有しているが，ここでは単純化してイメージを明確にしておく．

にも力は，負荷を与える物体と対象部材との接触面で両物体を構成する原子の間の原子間力により伝達される．

このようにして加えられた力は，部材を構成する原子の間に働く原子間力により次々と内部に伝わってゆく．この力（内力）によって，個々の原子の間のバネが引き伸ばされ（あるいは押し縮められ），原子間隔が変化する．個々の原子間隔の変化はわずかであるが，これが積み重なることにより，全体として大きな変形が生じることになる．また，このようにして部材を構成する原子の間に加わる力が，ある限界を超えたとき，原子間の結合が切れて，部材の内部に劣化が生じる．ただし，部材を構成する原子の内の少数の原子の結合が切れても，それが直ちに全体の破壊には結びつかない場合が多い．

また，部材を取り囲む雰囲気の中にある気体や液体の分子は，部材の表面に吸着し，さらに長期使用の間に，部材を構成する原子の間に割り込むことにより，部材を構成する原子間の結合力を弱め，破壊を引き起こすこともありうる．また，紫外線のようなエネルギの高い電磁波を受けることにより，部材の中の原子間結合を担っていた電子が弾き飛ばされて，原子間結合が切れることにより，劣化が生じることもある．

また，部材には熱が加わることが多い．熱とは，結局，原子のランダムな振動である．熱が加わると，部材を構成する原子が激しく振動することにより，原子の結合が切れやすくなる．

このように見てくることにより，前記の四種類の要素（原子核，電子，電磁力，重力）だけですべてが構成されていることが具体的に理解できる．

では，これらの要素の変化（粒子の運動及び場の伝播）はどのようにして決まるだろうか．それは原理的には，量子力学の法則に従って完全に決まる（ただし，確率分布として）．これについて次に述べよう．

2.2 量子力学と波動関数

現代物理学の一つの到達点が量子力学である．量子力学によれば，すべての現象は本質的に確率的である．

まず現象を規定する次の変数 X を考える．X は対象系に含まれるすべての

粒子の位置と場の強さである*1．

$$X = \{x_1, y_1, z_1, x_2, y_2, z_2, \cdots\cdots, x_i, y_i, z_i, \cdots\cdots, x_N, y_N, z_N,$$
$$\phi(x, y, z), A_x(x, y, z), A_y(x, y, z), A_z(x, y, z)\} \quad (2.2.1)$$

ここに，x, y, z は直行座標，x_i, y_i, z_i は系を構成する i 番目の粒子の座標，N は対象系に含まれる粒子の数，$\phi(x, y, z)$ は位置 (x, y, z) における静電ポテンシャル，$A_x(x, y, z)$，$A_y(x, y, z)$，$A_z(x, y, z)$ は磁場の強さを表すベクトルポテンシャルである．

時刻 t に現象 X が生じる確率 $P(X, t)$ は，次式のようになる．

$$P(X, t) = |\Psi(X, t)|^2 \quad (2.2.2)$$

ここに，$\Psi(X, t)$ は波動関数*2 と呼ばれるものであり，複素数で表される．対象系に関するすべての情報は，波動関数の中に含まれている．

ある時刻 t_0 における波動関数 $\Psi(X, t_0)$ が与えられれば，それ以後の時刻 t における波動関数 $\Psi(X, t)$ は完全に決定される．この関係は次のように表すことができる．

$$\Psi(X, t) = \int [K(X, t, X_0, t_0) \cdot \Psi(X_0, t_0)] dX_0 \quad (2.2.3)$$

ここに，積分は対象全領域にわたる．$K(X, t, X_0, t_0)$ は，波動関数の遷移振幅で，ファインマン経路積分（Feynman path integrals）によって評価できるものである．

ファインマン経路積分に興味の有る読者は文献[1]を参照されたい．ここでは，波動関数の具体例を，下記事例に紹介しよう．

---

*1 重力場については，通常は変化しない一定の場として考慮できるので，ここでは変数からは除いた．
*2 波動関数によって表されるものは，確率を伝える波であり，確率波とも呼ばれる．

事例2.1　シリコンの最外郭電子の波動関数

シリコン（けい素：Si）原子が，原子核のまわりに14個の電子を持っていることは，よく知られている．この状態は模式的に図2.3のように表される．これらの電子のうちで原子核から最も離れた位置にある4個の電

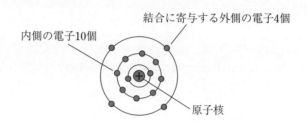

図2.3　シリコン原子の電子状態の模式図

子は最外殻電子と呼ばれる．最外殻電子は，原子が他の原子と結合を生じるときに働く重要な電子である．電子の波動関数の厳密な解を求めるには複雑な計算が必要であるが，原子軌道（原子が単独で存在するときのその原子に属する各電子の波動関数）については，スレーターによって，近似式が求められている．

シリコンの4個の最外殻電子のそれぞれの波動関数 $\Psi_k(x, y, z, t)$ $(k=1～4)$ は，次の式で表される[2]．

$$\Psi_k(x, y, z, t) = \psi_k [\cos(2\pi\nu t) - i\sin(2\pi\nu t)] \quad (k=1～4) \quad (2.2.4)$$

ここで，t は時間，ν は振動数，i は虚数単位，ψ_k は波動関数の振幅であり，

$$\psi_k = \chi_k \cdot [2/(45\pi)]^{\frac{1}{2}} (\zeta/a_0)^{\frac{3}{2}} (\zeta r/a_0)^2 \exp(-\zeta r/a_0)$$
$$(k=1～4) \quad (2.2.5)$$

$$\chi_1 = (1 + x/r + y/r + z/r)/2 \quad (2.2.6)$$
$$\chi_2 = (1 + x/r - y/r - z/r)/2 \quad (2.2.7)$$
$$\chi_3 = (1 - x/r + y/r - z/r)/2 \quad (2.2.8)$$
$$\chi_4 = (1 - x/r - y/r + z/r)/2 \quad (2.2.9)$$

ここに，x, y, z は原子の中心（原子核）に原点を取った直行座標，r は中心からの距離である．また，振動数 ν は，

$$\nu = E_n/h = 6.27 \times 10^{15} \text{ [Hz]} \quad (2.2.10)$$

ここに，h はプランク定数であり，$h = 6.63 \times 10^{-34}$ [Js]，$-E_n$ が波動関数に対応するエネルギであり，

$$E_n = E_0 \zeta^2/2 = 4.16 \times 10^{-18} \quad [J] \tag{2.2.11}$$

ここに，E_0 は原子単位系における単位エネルギであり，
$E_0 = 27.2\,[\mathrm{eV}] = 4.36 \times 10^{-18}\,[\mathrm{J}]$，$a_0$ はボーア半径であり，
$a_0 = 0.529 \times 10^{-10}\,[\mathrm{m}]$ である．

また，ζ は波動関数の半径方向分布をあらわすパラメータであり，

$$\zeta = Z^*/n^* = 1.383 \tag{2.2.12}$$

ここに，Z^* は有効核電荷，n^* は有効主量子数と呼ばれるものであり，シリコン原子の最外殻電子では，$Z^* = 4.15$，$n^* = 3$ である．

式 (2.2.4) は，原子のまわりの電子の波動関数が定常振動状態にあることを示している．式 (2.2.10) より，その振動数は $10^{15}\,\mathrm{Hz}$ という高い値となっていることがわかる．

これらの式を用いて，波動関数の振幅が大きくなる領域を図示すると，図 2.4 のようになる．この図より正四面体の四つの頂点に相当する位置で，電子の存在する確率が大きくなることがわかる．

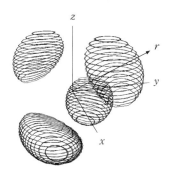

図 2.4　波動関数の例
シリコン原子の最外殻電子の原子軌道（sp³ 混成軌道）
波動関数の振幅が $3.3 \times 10^{14}\,\mathrm{m}^{-3/2}$ 以上の領域

一つの軌道の振幅が最大となる方向について，波動関数の振幅の半径方向の分布を取ると，図 2.5 のようになり，ある半径座標で最大となり，その後，減衰してゆくことがわかる．4つ軌道（電子の腕）が，テトラポッドのように四面体の中心から四つの頂点に向かう方向に伸びていることが

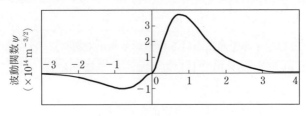

図 2.5 波動関数(振幅)の半径方向分布の例
前の図で波動関数振幅が最大となる方向の分布

イメージできる．シリコンがダイヤモンド型結晶構造(一つの原子を正四面体の中心においたとき隣の原子は四つの頂点の位置にくる結晶構造)をとるのは，この波動関数の方向性によるものである．

2.3 根本理論から連続体力学へ

ここで，根本理論から固体力学への理論の流れを説明しよう(図2.6)．

まず，根本理論として前述のファインマン経路積分の理論を据える．ファインマン経路積分は，いくつかある量子力学理論の一つであるが，粒子と場の両方を統一的に扱えるため，材料力学のための根本原理として十分な資格を有し

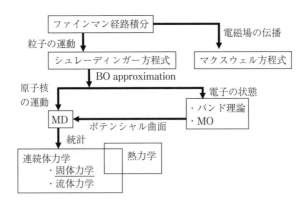

図 2.6 量子力学(ファインマン経路積分)から固体力学へのフロー

ている．ファインマン経路積分において，電磁場の伝播の部分を取り出すことにより，マクスウェル方程式が得られる．マクスウェル方程式が，すべての電磁気現象の基礎方程式であることはよく知られている．

　一方，粒子の運動の部分を取り出し，式を変形することにより，シュレーディンガー方程式が得られる．通常，電子は原子核のまわりで原子核よりけた違いの高速で運動している．そこで，シュレーディンガー方程式において，原子核の位置を固定して，電子の運動状態を解く近似計算が有効である．これをBO近似（Born-Oppenheimer approximation）と呼ぶ．BO近似による計算手法として，さまざまな手法が用いられているが，大きく分けると，孤立分子を対象として発達してきたMO（Molecular Orbital Method：分子軌道法）と，結晶のような周期構造を対象として発達してきたバンド理論（Band Theory）に分けられる＊．固定した原子核の位置を各種変化させて，BO近似によるエネルギ計算を繰返すことにより，エネルギを原子核の位置の関数として求めることができる．これがポテンシャル曲面と呼ばれるものである．

　一方，原子核は電子よりけた違いに重いので，量子力学的な不確定性（確率分布の広がり）が小さくなり，原子核の運動については，量子力学をニュートン力学で近似することが可能となる．原子核に加わる力はポテンシャル曲面の傾きで決まる．結局，物質というものは，原子の集団がポテンシャル曲面 U

＊　MOとバンド理論の分けかたと別に，経験的方法と非経験的方法の分け方がある．経験的方法では実験値を用いてパラメータを決めるのに対して，非経験的方法では，実験値をいっさい用いずに計算を行う．非経験的方法による計算は，第一原理計算（ab initio calculation）とも呼ばれる．いずれにしても，実用的な問題についてシュレーディンガー方程式を解くには，ある種の近似が必用である．第一原理計算において用いられる代表的な手法として，DFT（density functional theory：密度汎関数理論）がある．DFTでは，電子のエネルギを電子密度 $n(x) = \Sigma_i |\psi_i(x)|^2$（各電子の存在確率密度（各電子の波動関数 $\psi_i(x)$ の絶対値の2乗）を加え合わせたもの）の汎関数として求める．電子のエネルギには，古典力学との対応関係を持つ静電エネルギと運動エネルギの項に加えて，量子力学特有のエネルギである交換相関エネルギと呼ばれる項がある．本来，多電子間の複雑な相互作用によって生じる交換相関エネルギを，局所の電子密度の関数として近似するLDA（local density approximation：局所密度近似）がよく用いられる．

の中をニュートン力学にしたがって運動しているものとして，考えることができる．すなわち，支配方程式は

$$m_i \cdot d^2 x_i/dt^2 = -\partial U/\partial x_i \quad (i=1, \cdots\cdots, N) \tag{2.3.1}$$
$$m_i \cdot d^2 y_i/dt^2 = -\partial U/\partial y_i \quad (i=1, \cdots\cdots, N) \tag{2.3.2}$$
$$m_i \cdot d^2 z_i/dt^2 = -\partial U/\partial z_i \quad (i=1, \cdots\cdots, N) \tag{2.3.3}$$

ここに，Nは対象系を構成する原子の数，m_iとx_i，y_i，z_iはi番目の原子の質量とx，y，z座標である．Uは系のポテンシャルエネルギであり，系を構成するすべての原子の座標の関数となる．すなわち，

$$U = U(x_1, y_1, z_1, \cdots\cdots, x_i, y_i, z_i, \cdots\cdots, x_N, y_N, z_N) \tag{2.3.4}$$

式（2.3.1），（2.3.2），（2.3.3）を数値的に積分することにより原子集団の運動をシミュレーションする手法をMD（Molecular Dynamics：分子動力学）と呼ぶ．現在の計算機の能力では，計算できる原子の数や時間範囲は限られたものであるが，頭のなかでは，対象とする構造体（系）を構成する10^{24}個の原子がニュートン力学にしたがって運動している様子を想像することができる*．この多数の原子の集団運動の結果を統計的に考えることにより，マクロな現象を支配する理論，すなわち熱力学や連続体力学（この中に流体力学と固体力学が含まれる）の理論が導かれると考えることができる．

演習2.1 個々の原子の運動がニュートンの運動方程式に従うという前提の基に，原子の集合体である物体の重心の運動がニュートンの運動方程式に従うことを証明せよ．

2.4 原子間ポテンシャル

N個の原子からなる系のポテンシャルエネルギUは，このN個の構成原子の座標の関数として表される．これがポテンシャル曲面であり，前節の式

---

* MDは，通常，上記の原子運動のコンピュータシミュレーション手法の呼び名として使われるが，本書では，物質を質点の集合体と捉える考え方そのものを含めて使っている．

(2.3.4) のように表される．各種の原子座標の値の組み合わせに対する U の値は，シュレーディンガー方程式を数値的に解くことにより計算されるが，原子間力の性質を理解する上では，経験的なポテンシャル関数を考えることが有効である．

経験的なポテンシャルにおいては，通常，二つの原子 i と j 間の相互作用（すなわち原子間結合：bond）を表す原子間ポテンシャル u_{ij} の重ね合わせで全体のエネルギを表す．すなわち

$$U = \Sigma_{i<j} \ u_{ij} \tag{2.4.1}$$

ここに，$\Sigma_{i<j}$ は，対象系に含まれる原子 i と j のすべての組み合わせについて，重複することなく加算することを意味する．

u_{ij} の関数形としては，様々な関数形が提案されているが，基本的な形は，ある原子間隔で最小値を取る井戸形となる（例を図 2.7(a) に示す）．この曲線を微分したものが原子間に生じる力となる（図 2.7(b)）．原子間に働く力は，厳密には無限遠方まで続いているが，距離が離れると急激に減衰するので，隣接原子との間に生じる相互作用が支配的である．そこで，一つの近似的な

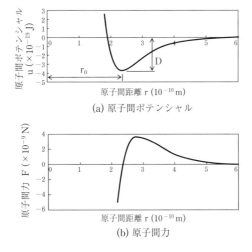

(a) 原子間ポテンシャル

(b) 原子間力

図 2.7　原子間ポテンシャルの例
原子間相互作用の例として、モースポテンシャル関数で表した
シリコン原子間のポテンシャルと力を示す

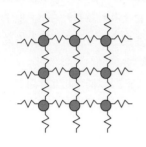

図 2.8 原子間相互作用のばねモデル例

相互作用の距離は厳密には∞まで続いているが,安定原子間距離より少し離れると急激に減衰するため近似的には隣接原子同士を結ぶばねと考える

見方として,隣接原子との間がある種のバネでつながれていると考えることができる(式 (2.4.1) ではすべての原子の組み合わせについて考えたが,近似的には隣接原子についてだけ考えればよい)(図 2.8).

このように隣同士がバネで連結された,たくさんの粒が集まったものとして,固体を想像してみれば,固体の端面に加わった力が内部に伝達される様子を想像できる(図 2.9 (a)).また,欠陥を有する物体に力が加わったときには,欠陥の端部に力が集中することが理解できる.欠陥の部分で伝達されるべき力を欠陥の端部でよけいに負担しなければならないからである(図 2.9(b)).

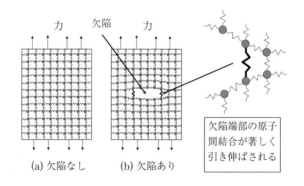

図 2.9 固体内部の力の伝達

力は固体内部で原子間力(原子間を結合する仮想的なバネの力)として伝達される

相互作用 u_{ij} の中身は,量子力学を用いた考察により,次のように分類される.
(1) 引力:(1.1) 共有結合力,(1.2) 金属結合力,(1.3) イオン結合力
　　　　(1.4) 水素結合力,(1.5) ファンデアワールス力
(2) 反発力

上記（1.5）は固体表面への雰囲気分子の吸着などにおいて働く弱い力である．上記の（1.4）は樹脂の接着などで重要な役割を果たす．（1.1），（1.2），（1.3）が固体の性質を考える上で重要となる．それぞれの結合力の詳細については，専門書を参照されたい[2]．

ここでは，固体の基本的な結合力として，一種類の原子でできた固体の結合力である（1.1）と（1.2）を取り上げ，この両者の挙動を表すことのできるポテンシャル関数の実例を紹介する．また，原子間ポテンシャルの性質の応用事例も紹介する．

事例2.2　原子間ポテンシャル関数の具体例

例(1)：モースポテンシャル（Morse potential）

経験的な原子間ポテンシャル関数の例として，モースポテンシャルを紹介しよう．モースポテンシャルは，共有結合と金属結合を表すのに適している．原子間結合のポテンシャルエネルギ（前記式（2.4.1）の u_{ij}）は次のように表される．

$$u_{ij} = D\bigl(\exp(-2(r_{ij}-r_0)/a) - 2\exp(-(r_{ij}-r_0)/a)\bigr) \quad (2.4.2)$$

ここに，r_{ij} は原子 i と原子 j の間の距離，D, r_0, a は原子の種類によって値の決まる定数（ポテンシャルパラメータ）であり，例えば，シリコン原子については，$D = 3.71 \times 10^{-19}$[J], $r_0 = 2.36 \times 10^{-10}$[m], $a = 0.673 \times 10^{-10}$[m] となる．

本ポテンシャル曲線が前掲の図2.7(a)である．図より，上記の式の二つの指数関数の項（反発力項と引力項）の重ね合わせにより，井戸形のポテンシャル形状が生じていることがわかる．

例(2)：ターソフポテンシャル[3]（Tersoff potential）

次の式に示すターソフポテンシャルは，モースポテンシャルを多体影響*を考慮できるように拡張し，原子間力の性質をより的確にあらわすことができるようにしたものである．多体影響は式（2.4.5），（2.4.4）で表され，b_{ij}（多体影響係数）を通じて式（2.4.3）の原子間結合のエネルギ u_{ij} に影響する．

$$u_{ij} = f_c(r_{ij})[A\exp(-\lambda r_{ij}) - b_{ij}B\exp(-\mu r_{ij})] \qquad (2.4.3)$$

$$b_{ij} = [1 + (\beta \Sigma_k \zeta_{ijk})^n]^{-1/(2n)} \qquad (2.4.4)$$

$$\zeta_{ik} = f_c(r_{ik}) \cdot \exp[\mu_{ij}{}^m (r_{ij} - r_{ik})^m]$$
$$\cdot \{1 + c^2/d^2 - c^2/[d^2 + (h - \cos\theta_{ijk})^2]\} \qquad (2.4.5)$$

ここに，Σ_k は原子 i と j 以外の原子についての加算，r_{ij} は原子 i と j の間の距離，θ_{ijk} は結合 ij と ik の間の角度，$f_c(r)$ は打ち切り関数で

$$f_c(r) = 1 \quad (r \leq R) \qquad (2.4.6)$$

$$f_c(r) = 1/2 + (1/2)\cos[\pi(r-R)/(S-R)] \quad (R < r < S) \qquad (2.4.7)$$

$$f_c(r) = 0 \quad (r \geq S) \qquad (2.4.8)$$

また，A, B, λ, μ, β, n, m, c, d, h, R, S は，原子の種類によって値の決まる定数(ポテンシャルパラメータ)であり，例えば，シリコン原子については，$A = 293.33 \times 10^{-18}$[J]，$B = 75.419 \times 10^{-18}$[J]，$\lambda = 2.4799 \times 10^{10}$[m^{-1}]，$\mu = 1.7322 \times 10^{10}$[m^{-1}]，$\beta = 1.0999 \times 10^{-6}$，$n = 0.78734$，$m = 3$，$c = 1.0039 \times 10^5$，$d = 16.218$，$h = -0.59826$，$R = 2.6 \times 10^{-10}$[m]，$S = 3 \times 10^{-10}$[m] となる．

このターソフポテンシャルをさらに，前記の力 (1.3)～(1.5) を考慮できるように拡張した，拡張ターソフポテンシャルが提案されている[4,5]．

---

* 多体影響とは，原子 i と原子 j の結合のエネルギ u_{ij} に他の原子 k の存在が影響することである．静電力や万有引力の場合，二つの粒子 i と j の間に働く力 (及びこの力を生じるようなポテンシャルエネルギ成分) は，両者の間の距離 r_{ij} だけで決まり，それ以外のものの存在によっては影響を受けない．これが二体力である．これに対して，原子間力は，他の原子の影響を受ける多体力であり，これが原子間結合の挙動を複雑なものとしている．通常，他の原子 k の接近により結合 ij のエネルギ u_{ij} は弱まる方向に変化する．これは，結合 ij に寄与していた電子雲の一部が，結合 ik または結合 jk の生成のために取られてしまうためである．こうした作用が雰囲気分子による固体の強度低下の基本的な原因となる．

事例 2.3　原子間ポテンシャルの非対称性の応用：ラマン分光による
　　　　ひずみ測定原理

　理想的なバネは，バネを伸ばした場合と縮めた場合でポテンシャルの形は対称となり，変形してもバネ定数は変化しない．これに対して原子間ポテンシャルの形は非対称[*1]であり，原子間力—伸び曲線の傾き，すなわちバネ定数は原子間隔によって変化する（図 2.7(b) 参照）．この性質の応用事例として，ラマン分光によるひずみ測定の原理について説明しよう．このひずみ測定法は，シリコンデバイスの微細部分の測定を可能とする手法として，デバイス開発に活躍している手法である[6]．

　測定の基本的な原理は単純である．ひずみが加わると原子間力のバネ定数 K が変化するが，これによって，原子の振動[*2]の固有振動数 ν も変化することになる（図 2.10）．したがって，この固有振動数変化を測定でき

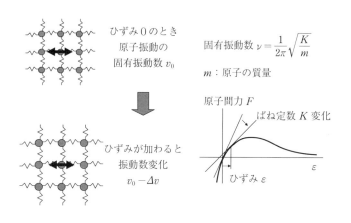

図 2.10　原子間ポテンシャルの非対称性の応用事例：
　　　　　原子振動の固有振動数変化の検出によるひずみ測定

[*1] 理想的なバネからのずれは，「非調和性」という言葉で表現される場合が多い．
[*2] 分子中の原子の振動は「分子振動」と呼ばれる．結晶中の原子の振動は「格子振動」と呼ばれる．また，この振動は，微小なエネルギ $h\nu$ をひとかたまりとして相互作用することから，このかたまりのひとつぶひとつぶを音子（phonon）とも呼ぶ．

れば，逆に生じているひずみを推定することができることになる．ただし，通常生じているひずみレベルにおいては，この固有振動数変化は非常に小さいので，これを正確に測定する必要がある．次に，この固有振動数の測定法について，図 2.11 を用いて簡単に説明する．

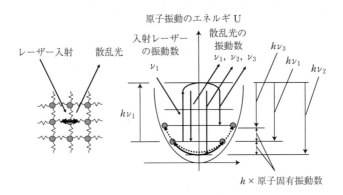

図 2.11　原子振動の固有振動数のラマン分光による測定

量子力学によれば，原子の振動のエネルギは自由な値をとることはできず，ある飛び飛びの値しかとることができない*．このエネルギの間隔 ΔU は次のように表される．

$$\Delta U = h\nu \tag{2.4.9}$$

ここに，h はプランク定数，ν は原子の振動の固有振動数である．

そこで，原子を加振するのに要する最も小さなエネルギを測定すれば，原子の固有振動数 ν がわかることになる．原子を加振するのには，光（電磁波）を用いることができる．光は粒子（光子：photon）として原子と相互作用し，また光子の一粒のエネルギは光の振動数に比例する．したがって，原子を加振するのに要する最も小さなエネルギは，入射光と散乱

---

*　ただし，原子振動の飛び飛びの許容されるエネルギレベルは，狭い間隔で密につまっているので，運動状態をニュートン力学により近似することが可能となる．

光の振動数の差を測定することにより求めることができる*．入射光としてレーザーを用いることにより，入射光と散乱光の振動数の差の正確な測定が可能となる．

---

* 入射光と散乱光の振動数の差から，対象物中の原子の振動特性を調べる手法が，ラマン分光（Raman spectroscopy）である．

2.5 原子間ポテンシャルの関数形の考え方

前節において示したモースポテンシャルとターソフポテンシャルの関数形は，距離とともに指数関数で減衰する反発力項と引力項からなっている．共有結合と金属結合のポテンシャル関数形が，指数関数で近似できると考えられる理由を簡単に説明しよう．

まず引力項について考える．引力の性質をイメージする上で，MOにおいて用いられる近似手法の一つであるLCAO（linear combination of atomic orbital）の考え方が役に立つ．これは，結合状態の波動関数が原子軌道（atomic orbital）（原子が単独で存在したときの電子の波動関数：図2.4，図2.5参照）の線形結合（linear combination）で近似できるとするものである．

二つ原子が接近する場合を考える．接近と共に二つの原子軌道（電子の雲でイメージする）が重なり合い，二つの原子の間の領域の電子の存在確率密度（電子雲の密度）が高くなる．この増加が二つの原子核をひきつける力を増加させる（すなわちエネルギを低下させる）．このときのエネルギの低下量 Δu は，重なり積分 S と呼ばれる量に依存する．S は次の式で定義される．

$$S = \int \psi_a \psi_b dV \tag{2.5.1}$$

ここに，ψ_a と ψ_b は結合する二つの原子 a と b の原子軌道であり，積分は全空間にわたる積分である．原子軌道は原子の中心からの距離 r により指数関数で減衰する（2.2節の式（2.2.5）参照）から，この重なり積分も原子間距離の指数関数で減衰し，引力項も指数関数で減衰すると考えられる．

次に反発力について考える．反発力の主原因は，量子力学の基本原理の一つ

であるパウリの排他律（複数の電子が同じ状態を取ることは出来ない）である．原子軌道の重なり合いが大きくなると，排他律により，高いエネルギレベルに追い出される電子がでてくる．これにより，原子同士の接近にともなう強い反発力が生じることになる．

第 2 章 問題

[問2.1] 紫外線の方が赤外線より，高分子材料（人間の皮膚も含む）の劣化を生じやすい理由を説明せよ．

[問2.2] 摩擦力は，マクロな力学では，ポテンシャルの傾きでは表すことの出来ない力（非保存力）であるが，原子レベル（MD）から見れば，ポテンシャルの傾きで表される力（保存力）によって生じると考えることができる．この違いの生じる理由について説明せよ．

[問2.3] マクロの固体を引張って破壊し，二つに分けたときは，この破面を押し当てても，もとにもどることはない．しかし，二つの原子を引き離して，原子間の結合を切断しても，両原子を再接近させればもとの結合状態に戻る．この違いの生じる理由について説明せよ．

[問2.4] 原子間力の原因となる静電力は，離れた二つの粒子の間の真空中を伝わって直接作用する力（遠隔作用力）である．ところが，この原子間力の結果として固体の内部に生じる応力は，マクロな観点では，物質のない部分では伝わらず，密着した物質を介して次々に伝達されてゆく力（近接作用力）と考えられる．この違いの生じる理由について説明せよ．

[問2.5] 自由運動する質点の波動関数 $\psi(x, t)$ は，ガウス型波束（図2.12）を用いて表すことができる．このとき，質点を時刻 t に座標 x の位置に見出す確率密度 $\rho(x, t) = |\psi(x, t)|^2$ は，次式のようになる．

$$\rho(x, t) = (2\pi\sigma(t)^2)^{-1/2} \cdot \exp(-(x - v \cdot t)^2 / (2\sigma(t)^2))$$

ここに，v は質点の平均位置の移動速度，$\sigma(t)$ は，時刻 t における質点

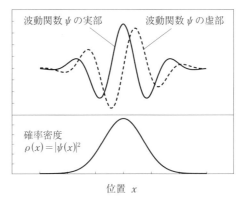

図 2.12
自由運動する質点の波動関数はガウス波束で表せる．

の位置の標準偏差であり，次式のようになる．

$$\sigma(t) = \{\sigma_0^2 + [ht/(4\pi m\sigma_0)]^2\}^{1/2}$$

ここに，σ_0 は初期 $(t=0)$ における標準偏差，h はプランク定数 $(6.63 \times 10^{-34}\,\text{Js})$，$m$ は質量である．この式より，自由運動する質点の位置の標準偏差（量子力学的な不確定性）は，時間とともに増加することがわかる（図 2.13）．

上の式で，電子（質量 $9.11 \times 10^{-31}\,\text{kg}$）の運動を考え，初期標準偏差

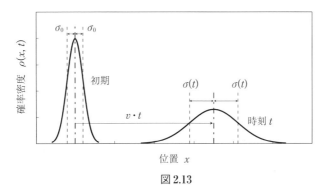

図 2.13
自由運動する質点の位置の量子力学的不確定性を表す標準偏差 σ は時間 t とともに増加する．ただし，σ の増加速度は質量 m が充分大きければ非常に小さくなる．

σ_0 を 1.00×10^{-10} m と仮定したときの $1\,\mu$s 後の標準偏差を計算せよ．また，ビリヤード球（質量 0.170 kg）について，同じ初期標準偏差を仮定して，10 年後の標準偏差を求めよ．

第 *3* 章
応力解析の基礎

第3章 応力解析の基礎

3.1 単純な負荷状態での応力とひずみ及びその基本的関係

応力とひずみは，連続体力学における最も重要な概念である．連続体力学においては，物体内部に生じている力（内力）を表すのに応力を用いる．応力は，単位面積あたりに作用している力として定義される．応力には大きく分けて，垂直応力 σ とせん断応力 τ の二種類がある．図 3.1 に示すように，面積 A の棒に引張り力 F を加えたときに棒の内部に生じるのが垂直応力であり，その値 σ は

$$\sigma = F/A \tag{3.1.1}$$

である．せん断力 F_s を加えたときに生じるのがせん断応力であり，その値 τ は

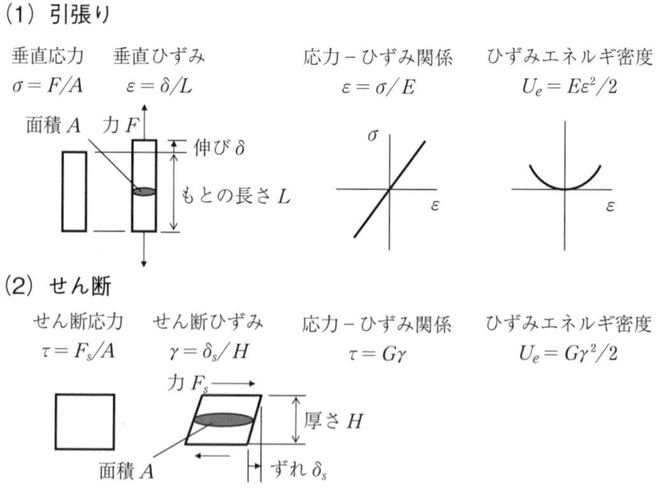

(1) 引張り

垂直応力　　垂直ひずみ　　　応力−ひずみ関係　　ひずみエネルギ密度
$\sigma = F/A$　　$\varepsilon = \delta/L$　　　$\varepsilon = \sigma/E$　　　$U_e = E\varepsilon^2/2$

(2) せん断

せん断応力　　せん断ひずみ　　応力−ひずみ関係　　ひずみエネルギ密度
$\tau = F_s/A$　　$\gamma = \delta_s/H$　　　$\tau = G\gamma$　　　$U_e = G\gamma^2/2$

図 3.1　単純な負荷における応力とひずみの関係

$$\tau = Fs/A \tag{3.1.2}$$

である.

一方,ひずみは,物体内部の局所的なゆがみを表すものであり,これにも垂直ひずみ ε とせん断ひずみ γ がある.長さ L の棒を δ だけ引き伸ばしたときに生じるのが垂直ひずみであり,その値 ε は

$$\varepsilon = \delta/L \tag{3.1.3}$$

である.厚さ H のブロックに δ_s のずれ変形を加えたときに生じるのがせん断ひずみであり,その値 γ は

$$\gamma = \delta_s/H \tag{3.1.4}$$

である.

ひずみが小さい範囲では,応力とひずみは比例する.すなわち

$$\sigma = E\varepsilon \tag{3.1.5}$$
$$\tau = G\gamma \tag{3.1.6}$$

ここで,E と G は材料によって決まる定数(材料定数)であり,それぞれヤング率(又は縦弾性係数)と横弾性係数と呼ばれる.

応力 σ とヤング率 E は弾性ひずみエネルギ密度 Ue を用いて次のように表すこともできる*.

$$\sigma = \partial Ue/\partial \varepsilon \tag{3.1.7}$$
$$E = \partial^2 Ue/\partial \varepsilon^2 \tag{3.1.8}$$

Ue は弾性変形により物体の単位体積中に蓄えられるエネルギである.例えば垂直応力 σ により垂直ひずみ ε が生じている状態を考えると

$$Ue = \frac{E\varepsilon^2}{2} = \frac{\sigma^2}{2E} \tag{3.1.9}$$

と表される.この Ue を棒の全体積について積分することにより,棒全体の弾性ひずみエネルギが得られる.

---

* 式(3.1.8)で表されるのは,厳密には弾性定数 c_{11}' と呼ばれるものである(詳細は 3.6 節及び 8.1 節を参照).

3.2 熱膨張を考慮した応力－ひずみ関係と熱応力

物体の温度が上昇すると，物体の大きさは，物体が拘束されていなければ通常，増加する．この現象を熱膨張と言う．熱膨張の原因は，原子間ポテンシャルの非対称性にある．この非対称性がある場合に，温度が上昇して原子の熱振動が激しくなると，平均原子間隔が広がることが図 3.2 からイメージできる*．

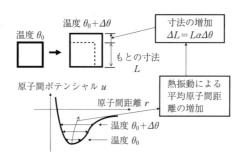

図 3.2 熱膨張

熱膨張による物体の寸法の変化量 ΔL は，自由膨張の場合，次のように表される．

$$\Delta L = L \cdot \alpha \cdot \Delta \theta \tag{3.2.1}$$

ここに，L は物体のもとの長さ，$\Delta \theta$ は温度変化，α は材料定数であり，線膨張係数と呼ばれる．線膨張係数の値の例を図 3.3 に示す．材料によって様々な値を取ることがわかる．

熱膨張を考慮した応力－ひずみ関係は

$$\varepsilon = \alpha \cdot \Delta \theta + \sigma/E \tag{3.2.2}$$

または，

$$\sigma = E(\varepsilon - \alpha \cdot \Delta \theta) \tag{3.2.3}$$

と表される．

---

* より正確には，統計力学における平衡分布（付録 A.2）の考え方で説明される．

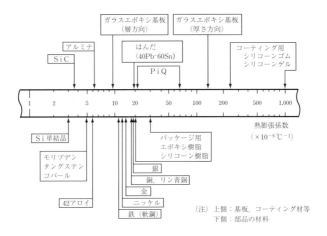

図3.3 線膨張係数 α の値の例
電子デバイス実装で使われる主要材料

ここで，$\varepsilon - \alpha \cdot \Delta\theta$ が機械的なひずみ，すなわち弾性ひずみ（ここでは，弾性範囲で考えているから）となる．

温度変化によって生じる応力を熱応力と呼ぶ．この熱応力の発生原因について考えよう．まず，式 (3.2.2) より，応力 σ が 0 の状態で，温度上 $\Delta\theta$ を与えると，熱膨張によるひずみが生じることがわかる．すなわち，棒を拘束せず，完全に自由な状態で，温度を均一に上げても，熱膨張するだけで，応力は生じない（図3.4(a)）．一方，式 (3.2.3) より，ひずみ ε を 0 （棒の伸びを拘束）としておいて，温度を変化させると，応力 σ が生じることがわかる（図3.4(b)）．

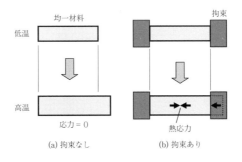

図3.4 熱膨張が拘束されることにより熱応力が発生する

これが最も基本的な熱応力発生のメカニズムである．実際の構造体の中で生じる複雑な応力分布については，後で説明する．

演習3.1 線膨張係数が α_1 の部材1（弾性体：ヤング率 E_1）が，線膨張係数が α_2 の部材2（剛体）に拘束されている．部材1の温度が $\Delta\theta_1$，部材2の温度が $\Delta\theta_2$ 上昇したときの発生応力 σ_1 の式を求めよ（**図3.5**参照）．

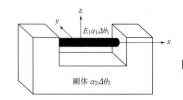

図3.5 線膨張係数の異なる剛体に拘束された弾性体の熱応力を考える

［解］　式 (3.2.3) を部材1に適用して $\sigma_1 = E_1(\varepsilon_1 - \alpha_1 \cdot \Delta\theta_1)$．部材1に加わる全ひずみ ε_1 は，剛体2の熱膨張で決まるから，$\varepsilon_1 = \alpha_2 \Delta\theta_2$ である．したがって

$$\sigma_1 = E_1(\alpha_2 \Delta\theta_2 - \alpha_1 \Delta\theta_1) \tag{3.2.4}$$

となる．

3.3 非線形現象

これまでは，ひずみが小さい範囲で応力とひずみが比例関係（線形関係）にあることを述べてきたが，ひずみが大きくなると，比例関係からのずれ（非線形性）が生じる．この非線形現象について，ここでは現象論的に簡単に説明しておく．

棒に引張り応力を加える場合を考える．応力を増加してゆくと，ある応力値で変形が急激に増加する（**図3.6**(a)）．この現象を降伏と呼ぶ．降伏の生じ始める応力は，降伏応力と呼ばれる材料定数である．降伏によって生じる変形は応力を0に戻しても元にもどらない．このとき全変形の中で，元にもどらない部分を塑性変形と呼ぶ．一方，変形の中の元にもどる部分が弾性変形である．応力の小さい範囲では，変形のすべての部分が弾性変形である．実際の材料で

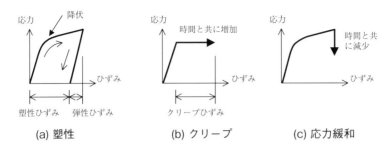

図 3.6　降伏とクリープ及び応力緩和

は，かなり小さい応力から，わずかな塑性変形が生じ始めている場合も多い．そこで，降伏応力という表現の変わりに，十分小さな塑性変形（例えば塑性変形によるひずみ（塑性ひずみ）が 0.2%）に抑えることができる応力レベルを求めて，これを耐力（0.2%耐力）と呼ぶ．

次に，ある一定値の応力を加え，そのまま長い時間保持しておいた場合を考える．このとき，時間の経過とともに，ひずみが徐々に増加する現象が生じる．この現象をクリープと呼ぶ（図 3.6(b)）．応力を大きくすれば，クリープによるひずみの増加速度は加速度的に大きくなる．逆に応力をある値以下にすれば，クリープによるひずみの増加速度を実用上ほとんど問題ない程度に十分小さくできる．この限度となる応力も材料定数と考えられ，クリープ限度と呼ばれる（条件はクリープひずみ速度が $10^{-7} h^{-1}$ 程度にとられる場合が多い）．

一方，棒をある一定の長さだけ引き伸ばし，そのまま固定しておいたとき，発生した応力が時間とともに徐々に小さくなる現象を，応力弛緩または応力緩和と呼ぶ（図 3.6(c)）．この現象は，本質的にはクリープと同じ現象を見方を変えたものであり，クリープ限度以下の応力では，ほとんど生じないと考えてよい．

このような現象を生じる塑性変形とクリープ変形のメカニズムについては，次節で説明する．

非線形現象として，この他に次のものが生じる場合がる．まず，ゴムのように変形量の大きな材料では，ひずみが大きくなると，応力とひずみの関係が，弾性範囲でありながら非線形となる（大ひずみ非線形）．これについては文献

[1]を参照されたい．また，これまで説明してきたのは，材料の挙動に起因した材料非線形とよばれるものであるが，この他に，幾何学的非線形と呼ばれるものが生じる場合がある．これは，ひずみは微小であっても，構造体全体が大きく変形するときに生じるものであり，非常に細長い棒や，薄い板で問題となりやすい．これに起因する線形理論からのずれは，変形が部材のもとの寸法（板厚など）にくらべて小さければ，小さいと考えてよい[2]．

以上の非線形挙動を整理して図3.7に示す．これらの非線形現象は，応力，ひずみまたは変形が大きくなったときに顕著になる．これらが小さい範囲では，線形弾性挙動を示すと考えてよい．

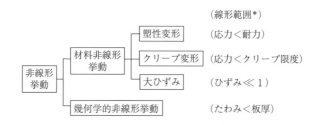

図3.7　非線形挙動の分類
＊　非線形成分が線形弾性成分より十分小さい範囲

3.4　永久変形の原子レベルのメカニズム

前節で説明した非線形現象のなかでも，塑性変形とクリープ変形は，外力を取り除いても元にもどらない永久変形である．これは，幾何学的非線形と大ひずみ非線形における変形は非線形であっても弾性変形であり，外力がなくなれば元にもどるのとは，決定的に異なっている．永久変形が生じたということは，原子レベルで考えると，原子の相互配置が元の安定位置にもどらずに，完全にずれてしまい，別の安定配置になってしまったことを示している．永久変形のプロセスは，応力の作用の基に，材料がよりエネルギの低い安定な原子配置を求めて変化してゆく過程であるといえる．永久変形を生じるミクロなメカニズムは，材料によって，また負荷条件によって異なる．ここでは，結晶固体

の永久変形の代表的なメカニズムとして，転位によるメカニズムについて簡単に説明する．

転位とは，結晶の中に生じている線状の欠陥である．例えば，結晶の中に途中まで余分な原子層（図3.8(a)の太線でつないだ原子層）がはさまった状態を考える．余分な原子層の端部の付近の原子結合には，大きなゆがみが生じる．この部分のゆがんだ原子配置が刃状転位と呼ばれるものである．刃状転位は図3.8(b)の記号で表される．転位では，原子配置のゆがみのために，原子間のずれが生じやすい状態が生じていると言える．

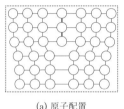 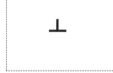

(a) 原子配置　　　　　　(b) 記号表示

図3.8　転位

この転位が運動することによって，永久変形が生じる．転位の運動は，大きく分けて転位すべり（dislocation glide）と転位上昇（dislocation climb）に分けられる．転位すべりによっては，せん断変形が生じる（図3.9(a)．転位上昇によっては，収縮変形が生じる（図3.9(b)）．

転位上昇を生じるためには，転位芯の原子（余分な原子層の端部の原子）が取り除かれなければならない．これは，原子が自己拡散により，他の部分，例えば別の転位に移動することによって行われる（図3.10）．直行方向を向いた二つの転位の間で原子が移動することによって，一方向に膨張，これと直行する方向に収縮の変形が生じる．これは45度方向のせん断変形と等価な変形である．

転位上昇の原因となる原子の自己拡散について説明しよう．原子の自己拡散とは，原子が同じ種類の他の原子の中で拡散する現象である．結晶中での自己拡散のメカニズムとしては，原子空孔（結晶中の原子のない格子点）によるメカニズムが代表的である．原子空孔の隣にある原子が次々に原子空孔に移動す

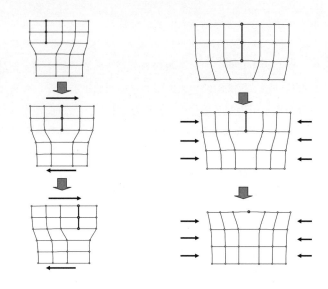

(a) すべりによるせん断変形　　(b) 上昇による収縮変形

図3.9　転位の運動による永久変形

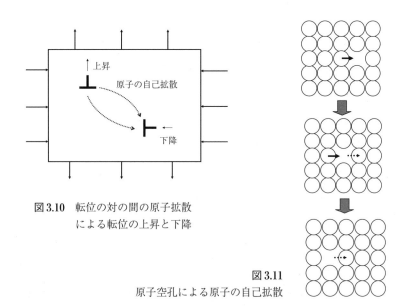

図3.10　転位の対の間の原子拡散による転位の上昇と下降

図3.11　原子空孔による原子の自己拡散

ることにより，容易に原子の移動が生じる（図3.11）．

　高温では，原子の熱振動が激しくなる．この振動の助けをかりて低い応力で，転位は移動することができる．転位すべりと転位上昇は，両者とも温度時間依存性を有しているが，転位上昇の素過程である原子拡散は特に大きな温度時間依存性を持っている．このため，転位すべりが塑性変形（比較的早い速度で低温で生じやすい）において支配的であるのに対して，転位上昇はクリープ変形（比較的高温で遅い速度で生じやすい）において支配的メカニズムとなりやすい．

　通常の金属材料は，多数の結晶粒のあつまった多結晶材料であるが，多結晶材料では，転位に加えて，結晶粒界も永久変形に対して重要な役割をはたす．低温では，転位のすべりが粒界でとめられるため，粒界は塑性変形を生じにくくする（降伏応力を増加させる）働きをする．一方，高温では，粒界を通じた原子の自己拡散や結晶粒どうしのすべりが活発になるため，粒界はクリープ変形を生じやすくする．

　このように材料の塑性変形およびクリープ変形に関する特性は，温度によって大きく変化する．このため，熱応力が線形範囲を越えて非線形範囲に入ると，その挙動（熱弾塑性クリープ挙動と呼ばれる）は複雑なものとなる．この熱弾塑性クリープ挙動の考え方については，7章で詳しく述べる．

3.5　多軸状態での応力とひずみ

　これまでの議論では，部材の中に一方向の応力だけが生じている場合（一軸応力）について考えてきた．一般的には，3次元物体の中では，さまざまな方向の応力が組み合わさって生じる場合（多軸応力）がある．この場合，次のように考える．

　3次元物体の中に仮想的に微小な立方体を考える（図3.12）．立方体の各辺はxyz座標軸方向にとってある．立方体の面のうちで，x軸方向を向いている面をx面とする．このx面にx方向に加わる応力がσ_xである．同じx面にy方向に加わる応力がτ_{xy}である．同様にして，面と力の組み合わせを変えることにより，全部で9個の応力成分が得られる．

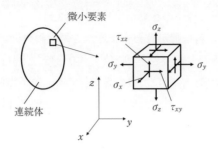

図3.12　多軸応力状態

すなわち,

力の方向→　　　　x　　　y　　　z

　　　　　　x：　σ_x　　τ_{xy}　　τ_{xz}

面の方向↓　y：　τ_{yx}　　σ_y　　τ_{yz}

　　　　　　z：　τ_{zx}　　τ_{zy}　　σ_z

このなかで,対称位置の成分は立方体のモーメントの釣り合いを考えると等しくなければならない($\tau_{ij} = \tau_{ji}$).結局,独立な応力成分は,σ_x, σ_y, σ_z, τ_{yz}, τ_{zx}, τ_{xy}の6個となる.

次に3次元におけるひずみ成分は,3次元物体中の仮想立方体の変形(図3.13)を考えることにより,求まる.仮想立方体の,例えばx方向の辺の伸びについて考えると,変形前の長さΔxの辺が,変形後に$(\partial u/\partial x)\Delta x$だけ伸びることから,$x$方向のひずみ$\varepsilon_x$は$\partial u/\partial x$となる(ここに,$u$は$x$方向の変位*で

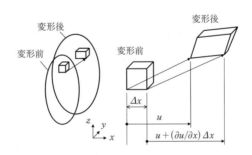

図3.13　3次元物体中のひずみ

---

*　変位とは,材料中の一点の変形前の位置に対する変形後の位置のずれ量である.

ある).同様な検討より,ひずみの各成分は,次のように求まる.

$$\varepsilon_x = \frac{\partial u}{\partial x} \quad (3.5.1) \qquad \varepsilon_y = \frac{\partial v}{\partial y} \quad (3.5.2) \qquad \varepsilon_z = \frac{\partial w}{\partial z} \quad (3.5.3)$$

$$\gamma_{yz} = \frac{\partial v}{\partial z} + \frac{\partial w}{\partial y} \quad (3.5.4) \qquad \gamma_{zx} = \frac{\partial w}{\partial x} + \frac{\partial u}{\partial z} \quad (3.5.5) \qquad \gamma_{xy} = \frac{\partial u}{\partial y} + \frac{\partial v}{\partial x} \quad (3.5.6)$$

ここに,ε_x,ε_{xy},ε_{xz}はx,y,z方向の垂直ひずみ,γ_{yz},γ_{zx},γ_{xy}はyz,zx,xy方向のせん断ひずみ,u,v,wはx,y,z方向の変位である.

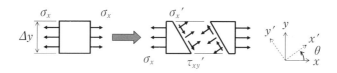

図3.14 応力の座標変換の考え方

　ここで,応力成分の座標変換について説明しておく.図3.14に示すようにσ_xが加わっている要素を考える.この要素をx軸と角度θだけ傾けた面(x'面)で仮想的に二つの部分に分けて考える.片方の部分の力の釣り合いを考えると(二つのうちのどちらを考えてもよいが)傾いた面では,垂直応力$\sigma_{x'}$とともにせん断応力$\tau_{xy'}$も生じていなければならないことがわかる.具体的に計算すると,

　力の釣り合いの式は

$$x' 方向について:\sigma_{x'} \Delta y / \cos\theta = \sigma_x \cdot \Delta y \cdot \cos\theta \quad (3.5.7)$$

$$y' 方向について:\tau_{xy'} \Delta y / \cos\theta = -\sigma_x \cdot \Delta y \cdot \sin\theta \quad (3.5.8)$$

となる(釣り合いをとる際に,もとのx面の面積をΔyとした場合に,これに対して角度θだけ傾けた面,すなわちx'面の面積が,$\Delta y/\cos\theta$ に増えることに注意する).

　故に

$$\sigma_{x'} = \sigma_x \cdot \cos^2\theta = \sigma_x \cdot l_1^2 \quad (3.5.9)$$

$$\tau_{xy'} = -\sigma_x \cdot \cos\theta \cdot \sin\theta = \sigma_x \cdot l_1 l_2 \quad (3.5.10)$$

ここに,$l_1 = \cos\theta$,$l_2 = -\sin\theta$は,x'軸,y'軸のx軸に対する方向余弦である.

同様な考え方により，すべての応力成分の座標変換は，次のように表せる．

$$\begin{bmatrix} \sigma_{x'} \\ \sigma_{y'} \\ \sigma_{z'} \\ \tau_{yz'} \\ \tau_{zx'} \\ \tau_{xy'} \end{bmatrix} = \begin{bmatrix} l_1^2 & m_1^2 & n_1^2 & 2m_1n_1 & 2n_1l_1 & 2l_1m_1 \\ l_2^2 & m_2^2 & n_2^2 & 2m_2n_2 & 2n_2l_2 & 2l_2m_2 \\ l_3^2 & m_3^2 & n_3^2 & 2m_3n_3 & 2n_3l_3 & 2l_3m_3 \\ l_2l_3 & m_2m_3 & n_2n_3 & m_2n_3+m_3n_2 & n_2l_3+n_3l_2 & l_2m_3+l_3m_2 \\ l_3l_1 & m_3m_1 & n_3n_1 & m_3n_1+m_1n_3 & n_3l_1+n_1l_3 & l_3m_1+l_1m_3 \\ l_1l_2 & m_1m_2 & n_1n_2 & m_1n_2+m_2n_1 & n_1l_2+n_2l_1 & l_1m_2+l_2m_1 \end{bmatrix} \begin{bmatrix} \sigma_x \\ \sigma_y \\ \sigma_z \\ \tau_{yz} \\ \tau_{zx} \\ \tau_{xy} \end{bmatrix} \quad (3.5.11)$$

ここに，l_1, m_1, n_1 などは新しい座標軸 x', y', z' と元の座標軸の間の方向余弦であり，次のような関係がある．

$$\begin{bmatrix} x' \\ y' \\ z' \end{bmatrix} = \begin{bmatrix} l_1 & m_1 & n_1 \\ l_2 & m_2 & n_2 \\ l_3 & m_3 & n_3 \end{bmatrix} \begin{bmatrix} x \\ y \\ z \end{bmatrix} \quad (3.5.12)$$

式（3.5.11）は，次のように単純化して表すこともできる．

$$\sigma' = T\sigma \quad (3.5.13)$$

ここに σ, σ' は座標変換前後の応力成分の列マトリクス，T は座標変換マトリクスであり，次のように定義される．

$$\sigma = \{\sigma_x, \sigma_y, \sigma_z, \tau_{yz}, \tau_{zx}, \tau_{xy}\} \quad (3.5.14)$$

$$T = \begin{bmatrix} l_1^2 & m_1^2 & n_1^2 & 2m_1n_1 & 2n_1l_1 & 2l_1m_1 \\ l_2^2 & m_2^2 & n_2^2 & 2m_2n_2 & 2n_2l_2 & 2l_2m_2 \\ l_3^2 & m_3^2 & n_3^2 & 2m_3n_3 & 2n_3l_3 & 2l_3m_3 \\ l_2l_3 & m_2m_3 & n_2n_3 & m_2n_3+m_3n_2 & n_2l_3+n_3l_2 & l_2m_3+l_3m_2 \\ l_3l_1 & m_3m_1 & n_3n_1 & m_3n_1+m_1n_3 & n_3l_1+n_1l_3 & l_3m_1+l_1m_3 \\ l_1l_2 & m_1m_2 & n_1n_2 & m_1n_2+m_2n_1 & n_1l_2+n_2l_1 & l_1m_2+l_2m_1 \end{bmatrix} \quad (3.5.15)$$

このように，一点の応力は断面の方向により変化するが，ある方向で，垂直応力が最大となる．この応力は最大主応力と呼ばれ，σ_1 と表される*．σ_1 は脆性材料の強度評価などに用いられる重要な量である．

同様にして，ひずみの座標変換は次式のようになる．

---

* 応力は2階のテンソルであり，テンソルの主値として三つの主応力が求められる．σ_1 は，この三つの主応力のうちの最大の値をもつものである．詳細については，文献 [2] を参照されたい．

$$\begin{bmatrix} \varepsilon_{x'} \\ \varepsilon_{x'} \\ \varepsilon_{x'} \\ \gamma_{yz'}/2 \\ \gamma_{zx'}/2 \\ \gamma_{xy'}/2 \end{bmatrix} = T \begin{bmatrix} \varepsilon_x \\ \varepsilon_x \\ \varepsilon_x \\ \gamma_{yz}/2 \\ \gamma_{zx}/2 \\ \gamma_{xy}/2 \end{bmatrix} \tag{3.5.16}$$

ここに，ε_x……と$\varepsilon_{x'}$……は座標変換の前と後のひずみ成分である．

事例3.1　分解せん断応力（結晶のすべり方向の応力）の計算式

結晶には，転位のすべりを生じやすい面と方向があり，すべり面及びすべり方向と呼ばれる．例えば，面心立方構造の場合，すべり面は{1 1 1}面，すべり方向は<1 1 0>方向である．この方向に加わるせん断応力を分解せん断応力（resolved shear stress）と呼び，τ_{RSS}と表す．τ_{RSS}がある限界値（臨界せん断応力CRSSと呼ばれる）以上になると，結晶を構成する原子同士のすべりを生じる．τ_{RSS}の値は，ある座標系に関する応力の各成分と，この座標系に対するすべり面，すべり方向のなす角がわかれば，式（3.5.13）を用いて計算できる．

単純な場合として，単結晶の棒に一軸の引張り応力 σ を加えた場合を考えると，

$$\tau_{\mathrm{RSS}} = \sigma \cdot \cos\phi \cdot \cos\lambda \tag{3.5.17}$$

となる．ここに，λおよびϕは，それぞれ引張り方向とすべり面の垂線方向およびすべり方向のなす角である（図3.15）．ここで$\cos\phi \cdot \cos\lambda$をシュミット因子（Schmid's factor）と呼ぶ．シュミット因子は，式（3.5.15）の左下の要素に対応している．

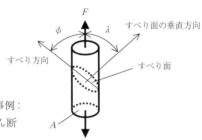

図3.15　座標変換の適用事例：
単結晶のすべり方向のせん断応力の計算

演習 3.2 上式を力の釣り合いから導け.

3.6 3次元での応力－ひずみ関係

(1) 一般的な関係

3次元での応力 σ とひずみ ε の線形弾性範囲での一般的な関係は，次のように表せる．

$$\sigma = \mathbf{C}\varepsilon_e \tag{3.6.1}$$

ここに，σ は応力，ε_e は弾性ひずみ，$\mathbf{C}$ は弾性定数マトリクスであり，本節では次のように定義する*.

$$\sigma = \begin{bmatrix} \sigma_1 \\ \sigma_2 \\ \sigma_3 \\ \sigma_4 \\ \sigma_5 \\ \sigma_6 \end{bmatrix} = \begin{bmatrix} \sigma_x \\ \sigma_y \\ \sigma_z \\ \tau_{yz} \\ \tau_{zx} \\ \tau_{xy} \end{bmatrix} \tag{3.6.2}$$

$$\varepsilon_e = \begin{bmatrix} \varepsilon_{e1} \\ \varepsilon_{e2} \\ \varepsilon_{e3} \\ \varepsilon_{e4} \\ \varepsilon_{e5} \\ \varepsilon_{e6} \end{bmatrix} = \begin{bmatrix} \varepsilon_x - \alpha_x \Delta\theta \\ \varepsilon_y - \alpha_y \Delta\theta \\ \varepsilon_z - \alpha_z \Delta\theta \\ \gamma_{yz} - \alpha_{yz} \Delta\theta \\ \gamma_{zx} - \alpha_{zx} \Delta\theta \\ \gamma_{xy} - \alpha_{xy} \Delta\theta \end{bmatrix} \tag{3.6.3}$$

ここに，$\Delta\theta$ は温度変化，α_x などは，各方向の線膨張係数である．

$$\mathbf{C} = \begin{bmatrix} c_{11} & c_{12} & \cdot & \cdot & \cdot & c_{16} \\ c_{21} & c_{22} & & & & \cdot \\ \cdot & & \cdot & & & \cdot \\ \cdot & & & \cdot & & \cdot \\ \cdot & & & & \cdot & \cdot \\ c_{61} & \cdot & \cdot & \cdot & \cdot & c_{66} \end{bmatrix} \tag{3.6.4}$$

ここに，c_{11}, c_{12}, ……, c_{66} は，弾性定数と呼ばれる材料定数である．

---

* この式の σ_1 は前に説明した最大主応力とは異なるものである．

Cには36個の要素があるが，対称位置の要素は相反定理[2]から等しくなる ($c_{ij}=c_{ji}$) ので，独立な要素は21個である．

応力 σ_i と弾性定数 c_{ij} は弾性ひずみエネルギ密度 Ue を用いて次のように表すこともできる．

$$\sigma_i = \partial Ue/\partial \varepsilon_{ei} \tag{3.6.5}$$

$$c_{ij} = \partial^2 Ue/\partial \varepsilon_{ei} \partial \varepsilon_{ej} \tag{3.6.6}$$

弾性ひずみエネルギ密度 Ue は，

$$Ue = \varepsilon_e^T C \varepsilon_e / 2 \tag{3.6.7}$$

となる．

(2) 等方性材料の関係

通常の材料は，x 方向に引張っても，y 方向に引張っても，そのほかのどの方向に引張っても同じ挙動を示す．このように方向性のない材料が等方性材料である．等方性材料では，応力—ひずみ関係式は次のように単純化される．

$$\varepsilon_x - \alpha \cdot \Delta\theta = (1/E)\{\sigma_x - \nu(\sigma_y + \sigma_z)\} \tag{3.6.8}$$

$$\varepsilon_y - \alpha \cdot \Delta\theta = (1/E)\{\sigma_y - \nu(\sigma_z + \sigma_x)\} \tag{3.6.9}$$

$$\varepsilon_z - \alpha \cdot \Delta\theta = (1/E)\{\sigma_z - \nu(\sigma_x + \sigma_y)\} \tag{3.6.10}$$

$$\gamma_{yz} = \tau_{yz}/G \tag{3.6.11}$$

$$\gamma_{zx} = \tau_{zx}/G \tag{3.6.12}$$

$$\gamma_{xy} = \tau_{xy}/G \tag{3.6.13}$$

ここに，α は線膨張係数，ν はポアソン比とよばれる材料定数である．

また，等方性材料であるためには，

$$G = E/[2(1+\nu)] \tag{3.6.14}$$

の関係がなければならない[2]．独立な弾性定数は2個となる．

事例 3.2 3 軸拘束による応力の増大：電子部品コーティング用ソフトレジンの拘束応力

電子部品においては，内部にある部品を外部から加わる力から保護するため，部品のまわりをソフトレジン（やわらかい樹脂）で覆ったあとで，そのまわりをハードレジン（硬い樹脂）で保護する構造をとる場合がある（図 3.16(a)）．このような構造において，ソフトレジンは非常にやわらかい（E が小）にもかかわらず，温度が上昇したときのソフトレジンの熱膨張によりハードレジンを持ち上げるような大きな力が生じて，ベースとハードレジンの間が剥がれてしまうことがある（下記演習参照）．

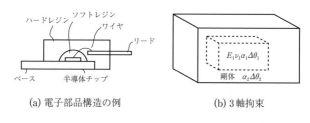

(a) 電子部品構造の例   (b) 3 軸拘束

図 3.16　軸拘束による応力増大の例：電子部品コーティング構造の例

演習 3.3　上記事例のソフトレジンに大きな力が発生するメカニズムを，ソフトレジンのポアソン比 ν が 0.5 に近いことを考慮して，応力－ひずみ関係式（3.6.8）に基づいて説明せよ．

【ヒント】　ソフトレジンの熱膨張は他の材料より非常に大きく，ヤング率は非常に小さいため，まわりじゅうから拘束されて（図 3.16(b) のモデル参照），$\sigma_x, \sigma_y, \sigma_z$ は同じ値になっていると考える．上記関係式における $\varepsilon_x, \varepsilon_y, \varepsilon_z$ は 0 と仮定する．

3.7　原子レベルでの応力

ここまでは，連続体の観点から応力を考えてきた．次に原子レベルから応力を考えてみる．最も考えやすい方法は，原子間の結合（隣接原子を結ぶ仮想的

なバネ）を考え，この結合に働く力 F（原子間力）を結合一本あたりの面積 A で割ったものを応力 σ と考える方法である．すなわち

$$\sigma = F/A \tag{3.7.1}$$

となる．これは，直感的なイメージを得るために役立つ方法である．

ただし，この方法では，どのようにして各種応力成分を多体影響を考慮して求めるかが明確ではない．このような場合，エネルギの観点から応力を考えることが有効である．

体積 Vo の領域の応力を考える（図3.17）．領域 Vo の中に含まれる原子の数を N 個とし，この原子集団のポテンシャルエネルギ曲面を

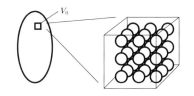

図3.17 物体中の領域 Vo の中の原子集団から応力を考える

$$U = U(X) \tag{3.7.2}$$

とする．ここに，

$$X = \{x_1, y_1, z_1, \cdots\cdots, x_i, y_i, z_i, \cdots\cdots, x_N, y_N, z_N\} \tag{3.7.3}$$

であり，x_i, y_i, z_i は i 番目の原子の x, y, z 座標である．このとき，弾性ひずみエネルギ密度 Ue は

$$Ue = U(X)/Vo \tag{3.7.4}$$

であり，応力 σ_i と弾性定数 c_{ij} は，前述の3.6節の式 (3.6.5), (3.6.6) すなわち

$$\sigma_i = \partial Ue/\partial \varepsilon_{ei} \tag{3.7.5}$$

$$c_{ij} = \partial^2 Ue/\partial \varepsilon_{ei} d\varepsilon_{ej} \tag{3.7.6}$$

を用いて計算できる[*1]．上の式を具体的に計算するときは，ひずみ場 ε_e にしたがって，原子位置 X を変化させて，$U(X)$ の変化を計算すればよい[*2]．

[*1] 統計熱力学的な応力の式との関係については，付録A.2の＜事例A.1＞を参照．
[*2] より正確な値を求めるには，さらに次の検討が必要である．すなわち，対象領域 Vo の中に原子が複数あるときには，同じひずみであっても，原子間の相対位置に自由度が生じる．そこで，これをエネルギ的に安定な状態に緩和させながら，ひずみを与える必要がある．

事例 3.3　原子間ポテンシャルを用いた弾性定数の計算例

前述のテーソフポテンシャルを用いて，上記式（3.7.6）により弾性定数を計算した例を実験値とともに**表 3.1**に示す．この種の計算としては，よい一致が得られている．

表 3.1　原子レベルモデルによる弾性定数 [GPa] の計算結果と実験値の比較

材料		c_{11}	c_{12}	c_{44}
シリコン	計算	142.6	75.4	69.1
	実験	165.6	67.9	79.5
鉛	計算	63.0	43.7	19.4
	実験	55.0	45.4	19.4

さて，応力は，どの程度まで小さい領域で考えることができるだろうか．形式的には，原子一個の応力は，式（3.7.4）の $U(X)$ の値として，原子一個のエネルギを用いれば計算できる．

原子一個のエネルギは，例えば，前述の2.4節の式（2.4.1）のようにエネルギが結合ごとに分解されている場合は，このエネルギをさらに原子一個ごとに分解することにより得られる．具体的には，i 番目の原子一個のエネルギ v_i は

$$v_i = \Sigma_j u_{ij}/2 \tag{3.7.7}$$

すなわち，二つの原子 i と j の間の結合（ボンド）のエネルギ u_{ij} の半分をそれぞれの原子に帰属させ，これを i 原子が結合しているすべての原子 j について足し合わせることによって得られる．

ただし，ひずみ ε は原子一個だけでは定義できないから，原子 i を中心として原子間力の及ぶ範囲の原子をひずみ場 ε_e にしたがって，変位させて，式（3.7.7）を計算する必要がある．すなわち，ひずみの定義領域は，原子間力の及ぶ範囲となる．原子間力は厳密には無限遠まで及んでいるが，通常支配的なのは第一近接原子から第二近接原子程度までの範囲と考えてよいだろう．

3.8 原子の熱振動による応力のゆらぎ

(1) 原子レベルの応力のゆらぎ

原子は常温においても，熱振動によって激しく振動している．この振動によって，原子レベルの応力は激しく変動している．この応力のゆらぎを概略見積もってみよう．

統計力学によれば，エネルギが U となる状態をとる確率 p は，k をボルツマン定数，T を絶対温度とすれば，次のようになる（付録 A 参照）．

$$p \propto \exp(-U/kT) \tag{3.8.1}$$

U として，原子一個の弾性ひずみエネルギを考えると

$$U = \Omega \sigma^2 / (2E) \tag{3.8.2}$$

ここに，Ω は原子一個あたりの体積，σ は応力，E はヤング率である．

式 (3.8.1), (3.8.2) より次の式が得られる．

$$p \propto \exp(-\sigma^2/(2\Delta\sigma^2)) \tag{3.8.3}$$

ここに，$\Delta\sigma$ は次の式で定義される量である．

$$\Delta\sigma = \sqrt{(kTE)/\Omega} \tag{3.8.4}$$

式 (3.8.3) より，応力 σ は標準偏差が $\Delta\sigma$ の正規分布（すなわちガウス分布：Gaussian distribution）となると考えられる．ゆらぎの大きさは，式 (3.8.4) の $\Delta\sigma$ で見積もることができる．

事例3.4　原子レベルの応力ゆらぎの概算例

シリコンを例にとって，具体的な値を計算をしてみよう．
$E = 170 \times 10^9 [\text{Pa}]$, $\Omega = 2 \times 10^{-29} [\text{m}^3]$, また，$T = 300 [\text{K}]$,
$k = 1.381 \times 10^{-23} [\text{J/K}]$ として，式 (3.8.4) に代入すると

$$\Delta\sigma = 6 \times 10^9 [\text{Pa}] = 6 [\text{GPa}] \tag{3.8.5}$$

と，非常に大きなゆらぎが生じることになる．

(2) 応力を考える領域のサイズによる応力ゆらぎの変化

応力を考える領域の中に含まれる原子の数を増やしていった場合には，個々の原子のゆらぎは平均化されるので，全体のゆらぎは小さくなる．確率論によれば，標準偏差が $\Delta\sigma$ の N 個のサンプルを，まとめあわせたときの平均の標準偏差 $\Delta\sigma_N$ は

$$\Delta\sigma_N = \Delta\sigma/\sqrt{N} \tag{3.8.6}$$

となる．通常，応力を考える領域に含まれる原子の数は非常に多い（例えば 1 mol で $N=6\times10^{23}$ [個]）ので，ゆらぎは非常に小さくなる．

3.9 応力解析の基本的な流れ

ここで，次の章への導入として，応力解析の基本的な流れについて説明しておく（図3.18参照）．まず，基礎式として，力の釣り合い条件式と，応力－ひずみ関係式と，ひずみ－変位関係式（この関係が成り立つ条件を適合条件とも呼ぶ）がある．また，境界条件として，荷重，強制変位，固定条件がある．物体の内部で基礎式が成り立ち，物体の周囲で境界条件が成り立つような，物体内部の変位とひずみと応力を求めるのが，応力解析である．

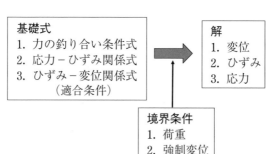

図3.18 応力解析の基本的な流れ

第3章 問題

[問 3.1] 質量 10 kg のおもりを 1 mm 角の線材でつるしたとき，線材に生じる応力は何 MPa となるか．線材の質量は充分小さいとする．

[問 3.2] ヤング率 100 GPa，線膨張係数 $5 \times 10^{-6} \mathrm{K}^{-1}$ の部品が，線膨張係数 $15 \times 10^{-6} \mathrm{K}^{-1}$ の剛性の高い部品で拘束されている構造に，温度上昇 100 K が加わったときの応力を，P.32 の図 3.5 のモデルを適用して計算せよ．

[問 3.3] 部材に 100 MPa の一軸の引張り応力が加わっているとき，これと 45 度の角度をなす面に作用するせん断応力と垂直応力は，それぞれ何 MPa となるか．応力の座標変換の式を用いて計算せよ．

[問 3.4] モールの円を用いた応力状態の表し方について調べ，上の問題における応力状態をモールの円を用いて表せ．

[問 3.5] 材料に永久変形を生じるメカニズムについて，転位の運動以外のメカニズムを調査し，リストアップせよ．

[問 3.6] 剛性の高い部材間を接着した薄い接着層において，厚さ方向のみかけのヤング率が，通常のヤング率より大きくなる理由を，3次元の応力ひずみ関係式から説明せよ．

[問 3.7] シリコンのような脆性材料では応力－ひずみ関係は，通常の測定精度の範囲では比例関係にあることは，よく知られている．しかし，応力－ひずみ関係を生じる原因となる原子間力が非線形性を有していることから，厳密にはわずかな非線形成分は存在する．高精度のセンサなどの開発を考えてゆく上では，この非線形量のオーダーを推定してみることは，興味深い．ここで，非直線誤差（nonlinearity: NL）を $NL =$（直線関係からのずれ量 / フルスケール値）で定義する．ひずみを 0 からフルスケールひずみ $\varepsilon_f = 500 \times 10^{-6}$ まで変化させた場合の応力－ひず

み関係の最大非直線誤差 $NL_{\max}$ を,シリコンについて原子間ポテンシャルを用いて計算せよ.原子間ポテンシャルとしては,本文のモースポテンシャルの式 (2.4.2) と,この式の下に示してあるパラメータ値を用いるものとする.

【ヒント】図 2.7(b) に示す原子間力 F と原子間距離 r の関係の曲線が水平軸を横切る位置(平衡原子間距離 r_0)付近の挙動が,応力 − ひずみ関係に対応すると考える.原子間距離 r とひずみ ε との間の関係:$r = r_0(1+\varepsilon)$ を用いて,原子間力をひずみ ε の関数として $F(\varepsilon)$ とす.ひずみ値 ε における応力 − ひずみ関係の非直線誤差 $NL(\varepsilon)$ は,応力が F に比例することを考慮すれば,$NL(\varepsilon) = [F(\varepsilon) - F(\varepsilon_f) \cdot \varepsilon/\varepsilon_f]/F(\varepsilon_f)$ となる.$NL(\varepsilon)$ が最大となる ε の値 $\varepsilon_{\max}$ は,$d(NL(\varepsilon))/d\varepsilon = 0$ となる ε の値として求めることができる.この $\varepsilon_{\max}$ を用いて,最大非直線誤差は $NL_{\max} = NL(\varepsilon_{\max})$ で計算することができる.

第4章
線形弾性応力解析

第4章　線形弾性応力解析

4.1 応力解析の基礎式と解法

線形弾性解析における基礎式について説明する．

まず，力の釣り合いの式は，

$$\frac{\partial \sigma_x}{\partial x} + \frac{\partial \tau_{xy}}{\partial y} + \frac{\partial \tau_{zx}}{\partial z} + X = 0 \tag{4.1.1}$$

$$\frac{\partial \tau_{xy}}{\partial x} + \frac{\partial \sigma_y}{\partial y} + \frac{\partial \tau_{yz}}{\partial z} + Y = 0 \tag{4.1.2}$$

$$\frac{\partial \tau_{zx}}{\partial x} + \frac{\partial \tau_{yz}}{\partial y} + \frac{\partial \sigma_z}{\partial z} + Z = 0 \tag{4.1.3}$$

ここに，X, Y, Zはx, y, z方向の物体力*である．この式は物体内部に微小な立方体要素を考え，この力の釣り合いを考えることによって導かれる（例えばx方向について図4.1の力の釣り合いから式（4.1.1）が得られる）．

次に，応力-ひずみ関係式は，前述したように，線形弾性範囲において

$$\varepsilon_x - \alpha \cdot \Delta\theta = (1/E)\{\sigma_x - \nu(\sigma_y + \sigma_z)\} \tag{4.1.4}$$

$$\varepsilon_y - \alpha \cdot \Delta\theta = (1/E)\{\sigma_y - \nu(\sigma_z + \sigma_x)\} \tag{4.1.5}$$

$$\varepsilon_z - \alpha \cdot \Delta\theta = (1/E)\{\sigma_z - \nu(\sigma_x + \sigma_y)\} \tag{4.1.6}$$

$$\gamma_{yz} = \tau_{yz}/G \tag{4.1.7}$$

$$\gamma_{zx} = \tau_{zx}/G \tag{4.1.8}$$

$$\gamma_{xy} = \tau_{xy}/G \tag{4.1.9}$$

ひずみ-変位関係式は，微小変形範囲において，前述のように

---

* 物体力とは，物体内部の微小要素に直接作用する力である．この中には，電磁力と重力と慣性力が含まれる．上の式の物体力X, Y, Zに，慣性力＝－微小要素の質量×加速度，を代入してみれば，この式が，物体中の微小要素に，ニュートンの運動方程式を当てはめたものであることがわかる．

$$\varepsilon_x = \frac{\partial u}{\partial x} \quad (4.1.10) \qquad \varepsilon_y = \frac{\partial v}{\partial y} \quad (4.1.11) \qquad \varepsilon_z = \frac{\partial w}{\partial z} \quad (4.1.12)$$

$$\gamma_{yz} = \frac{\partial v}{\partial z} + \frac{\partial w}{\partial y} \quad (4.1.13) \qquad \gamma_{zx} = \frac{\partial w}{\partial x} + \frac{\partial u}{\partial z} \quad (4.1.14)$$

$$\gamma_{xy} = \frac{\partial u}{\partial y} + \frac{\partial v}{\partial x} \quad (4.1.15)$$

以上が基礎式である．

これらの基礎式を解く方法としては，大きく分けて数式解法と数値解法の二種類がある．数式解法としては，上記基礎式を厳密に満足する解を求める弾性論と，近似解を求めるはり理論などがある．一方，数値解法としては，FEM (Finite Element Method：有限要素法)[4]がよく用いられる．

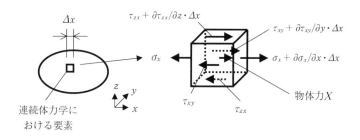

図 4.1　連続体力学における要素の力の釣り合い
（x 方向について示す）

4.2　棒状部材の引張り，曲げとねじり

まず，棒状の部材に関する近似理論について説明する．この場合，力の釣り合いを考える要素として，厳密な弾性論における微小要素（図 4.1）の代わりに，棒の一部の長さ Δx の部分を切り出したものを考える（図 4.2）．ここでは，棒の長手方向に x 軸を取り，これに直行して yz 軸をとっている．

(1)　引張り圧縮

まず，棒の引張り圧縮について考える．要素の力の釣り合いは，要素の側面

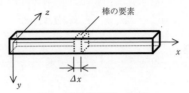

図 4.2 棒状部材の要素

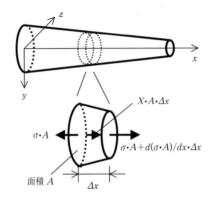

図 4.3 引張りを受ける棒の要素の力の釣り合い

には,力が働かないとすれば,次のようになる(図 4.3 参照).

$$d(\sigma \cdot A)/dx = -A \cdot X \tag{4.2.1}$$

ここに,A は棒の断面積,X は x 方向の物体力である.

応力 − ひずみ関係式は

$$\sigma = E\varepsilon \tag{4.2.2}$$

ひずみ − 変位関係式は

$$\varepsilon = du/dx \tag{4.2.3}$$

式 (4.2.1),(4.2.2),(4.2.3) より,次の微分方程式:

$$d/dx(EAdu/dx) = -AX \tag{4.2.4}$$

が得られる.これが引張り圧縮を受ける棒の基本方程式となる.ここで,EA は棒の要素が引張り力を受けたときの伸びにくさを表すもので,伸び剛性と呼ばれる.

[例題] 図4.4のような先端の質量 m を支える密度 ρ の棒を考える．

物体力 X は

$$X = \rho g \quad (4.2.5)$$

ここに，g は重力加速度である．

境界条件は

$$x = 0 \text{ で} \quad u = 0 \quad (4.2.6)$$
$$x = L \text{ で} \quad \sigma = mg/A \quad (4.2.7)$$

である．

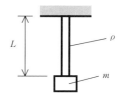

図4.4 重りをつけた棒

この条件で基本方程式 (4.2.4) を解けば，変位 u は

$$u = ((mg/A + \rho g L)x - \rho g x^2/2)/E \quad (4.2.8)$$

この式を式 (4.2.3)，(4.2.2) に順に代入することにより，ひずみと応力が求まる．

(2) 曲げ

曲げを受ける棒状部材をはりと呼び，棒状部材の曲げに関する理論をはり理論と呼ぶ．基本要素は引張りと同様な，図4.5に示す長さ Δx の部分である．要素は変形後にも，図4.5に示すように断面が平面を保持すると仮定する．この仮定がはり理論の基本的な仮定であり，ベルヌーイ・ナビエ（Bernoulli-Navier）の仮定と呼ばれる．この仮定から，はり理論における基本方程式：

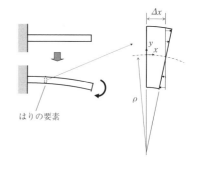

図4.5 はり（曲げを受ける棒）の要素の変形

$$d^2/dx^2(EI d^2v/dx^2) = p \quad (4.2.9)$$

が得られる．ここに，v はたわみ，p は分布荷重，I は断面二次モーメントである．式の導出は章末の演習問題に譲る．参考として，式誘導の流れを図4.6に示しておく．

56 第4章 線形弾性応力解析

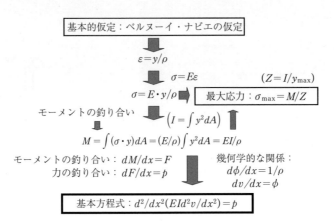

図4.6 はりの基本方程式誘導の流れ

断面二次モーメントIは，次の式で定義される．

$$I = \int_A y^2 dA \tag{4.2.10}$$

ここに，$\int_A$は，はりの断面に関する積分，yは断面の厚さ方向座標で，断面の中心*を原点にとる．代表的な断面形状についてのIの公式を**表4.1**に示す．EIは，曲げ剛性と呼ばれるもので，曲げ変形のしにくさを表す．

表4.1 代表的な断面形状の特性に関する公式

断面形状	$\begin{array}{c} b \\ \hline \\ \end{array} h$	d	$d \bigcirc d_1$
I	$\dfrac{bh^3}{12}$	$\dfrac{\pi d^4}{64}$	$\dfrac{\pi(d^4-d_1^4)}{64}$
Z	$\dfrac{bh^2}{6}$	$\dfrac{\pi d^3}{32}$	$\dfrac{\pi(d^4-d_1^4)}{32d}$
I_x'	$\dfrac{bh^3}{3}\left[1-0.630\dfrac{h}{b}\left(1-\dfrac{h^4}{12b^4}\right)\right]$ *1	$\dfrac{\pi d^4}{32}$	$\dfrac{\pi(d^4-d_1^4)}{32}$
Z_t	$\dfrac{b^2 h^2}{3b+1.8h}$ *1	$\dfrac{\pi d^3}{16}$	$\dfrac{\pi(d^4-d_1^4)}{16d}$

*1 $b>h$のときの近似式

---

* 断面形状が複雑な場合は，中立軸と呼ばれるものを設定し，これに座標軸を取る[2]．

式 (4.2.9) と境界条件を満たすたわみ v が得られれば，この v からただちに，たわみ角 ϕ，曲率半径 ρ，曲率 C，ひずみ ε，応力 σ，曲げモーメント M，せん断力 F，分布荷重 p が，次の式を順に用いて得られる．

$$\phi = dv/dx \tag{4.2.11}$$

$$1/\rho = C = d\phi/dx \tag{4.2.12}$$

$$\varepsilon = y/\rho \tag{4.2.13}$$

$$\sigma = E\varepsilon \tag{4.2.14}$$

$$M = EI/\rho \tag{4.2.15}$$

$$F = dM/dx \tag{4.2.16}$$

$$p = dF/dx \tag{4.2.17}$$

ここでは，各種変数の正負の方向の定義として，**表4.2**の定義Aを用いた．

はりの各種変数の正負の定義は，本によって異なり，それによって式の係数の正負が異なってくるので注意が必要である．定義の二つの例を表4.2に示した．

また，式 (4.2.13)，(4.2.14)，(4.2.15) より応力 σ は次式でも計算できる．

$$\sigma = (M/I)y \tag{4.2.18}$$

したがって，最大応力 $\sigma_{\max}$ は

$$\sigma_{\max} = M/Z \tag{4.2.19}$$

となる．ここに，Z は断面係数と呼ばれるものであり，次の式で定義される．

$$Z = I/y_{\max} \tag{4.2.20}$$

ここに，$y_{\max}$ は断面内での y の最大値である．代表的な断面形状の Z の式を表4.1に示す．

[例題] 片もちはり

一端が固定され，他端で荷重を支えるはりを片持ちはり（またはカンチレバー）と呼ぶ（図4.7）．この問題を前記基本式を用いて解いてみよう．

EI は x により変化せず，また分布荷重 $p=0$ なので，基本方程式 (4.2.9) は

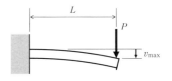

図4.7　片持ちはり
　　　（カンチレバー）

表4.2 はりの各種変数の正負

No.	各種量	正方向定義A		正方向定義B	
		正方向	式	正方向	式
1	たわみ v		—	同左	—
2	たわみ角 ϕ		$\phi = \dfrac{dv}{dx}$	同左	$\phi_z = \dfrac{dv}{dx}$
3	曲率半径 ρ		$\dfrac{1}{\rho} = \dfrac{d\phi}{dx} = \dfrac{d^2v}{dx^2}$	同左	$\dfrac{1}{\rho_z} = \dfrac{d\phi_z}{dx} = \dfrac{d^2v}{dx^2}$
④	位置座標 y の定義とその位置のひずみ ε		$\varepsilon = \dfrac{y}{\rho}$		$\varepsilon = -\dfrac{y}{\rho_z}$
5	曲げモーメント M		$M = EI\dfrac{1}{\rho} = EI\dfrac{d^2v}{dx^2}$	同左	$M_z = EI_z\dfrac{1}{\rho_z} = EI_z\dfrac{d^2v}{dx^2}$
⑥	せん断力 F		$F = \dfrac{dM}{dx} = EI\dfrac{d^3v}{dx^3}$ *a		$F_y = -\dfrac{dM_z}{dx} = -EI_z\dfrac{d^3v}{dx^3}$ *a
⑦	分布荷重 p		$p = \dfrac{dF}{dx} = EI\dfrac{d^4v}{dx^4}$ *a	同左	$p_y = -\dfrac{dF_y}{dx} = EI_z\dfrac{d^4v}{dx^4}$ *a
8	基本微分方程式		$\dfrac{d^2}{dx^2}\left(EI\dfrac{d^2}{dx^2}v\right) = p$		$\dfrac{d^2}{dx^2}\left(EI_z\dfrac{d^2}{dx^2}v\right) = p_y$
9	利点		上記はりの基本式のすべてにマイナス記号が付かないため，式がシンプルである*b．		各種量が正（プラス）となる方向がシステマチック*cに決まるため，複雑な負荷条件での3次元的な問題への拡張が容易である．

*a　EIがxによって変化しない場合の式
*b　定義BではNo.に丸印を付けた行で式に負号がついてしまっている．
*c　vの方向はy軸方向と一致．Fの方向は，x方向の断面にy方向に加わる力として定義できる（方向を明確にする場合はF_yと表す．同様にしてF_zも定義できる）．Mの方向は，z軸の右ねじ方向（右ねじをねじってz軸方向にねじ込むときの回転方向）として定義できる（方向を明確にする場合はM_zと表す．同様にしてM_yも定義できる）．

$$d^4v/dx^4 = 0 \tag{4.2.21}$$

となる．この一般解は，$C_1 \sim C_4$ を積分定数として

$$v = C_1 + C_2 x + C_3 x^2 + C_4 x^3 \tag{4.2.22}$$

境界条件は

$$x = 0 \text{ で } v = 0 \tag{4.2.23}$$

$$x = 0 \text{ で } \phi = dv/dx = 0 \tag{4.2.24}$$

$$x = L \text{ で } d^2v/dx^2 = M/EI = 0 \tag{4.2.25}$$

$$x = L \text{ で } d^3v/dx^3 = F/(EI) = -P/(EI) \tag{4.2.26}$$

である．ここに，P ははり先端に加わる荷重である．

式 (4.2.22) に式 (4.2.23)，(4.2.24)，(4.2.25)，(4.2.26) を代入すれば，それぞれ，

$$C_1 = 0 \tag{4.2.27}$$

$$C_2 = 0 \tag{4.2.28}$$

$$2C_3 + 6C_4 L = 0 \tag{4.2.29}$$

$$6C_4 = -P/(EI) \tag{4.2.30}$$

式 (4.2.27) から (4.2.30) を式 (4.2.22) に代入すれば，たわみ v の解：

$$v = [P/(EI)](Lx^2/2 - x^3/6) \tag{4.2.31}$$

が得られる．

この式から，v の最大値 $v_{\max}$ は片もちはりの先端 ($x = L$) で生じ，

$$v_{\max} = L^3 P/(3EI) \tag{4.2.32}$$

となることがわかる．

事例 4.1 強制変位を受けるボンディングワイヤのひずみ計算式

電子装置において，配線基板と端子を電気的に接続するのに，ボンディングワイヤ（円形断面の線材）がよく用いられる（図4.8）．電子装置に温度変化が加わると装置の熱変形により，ワイヤの配線基板側と端子側の接続部の位置にずれ（強制変位）が加わり，この強制変位によりワイヤにひずみが生じる．ワイヤの疲労寿命（材料の疲労現象については，後で5.4

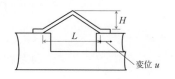

図4.8 ボンディングワイヤ

節で説明する）を確保するためには，最大発生ひずみを低減することが重要となる．

いま，二つの接続部に接続部の間隔を広げる強制変位が加わったとした場合に，ボンディングワイヤに生じる最大ひずみ ε は，次の式のようになる（式の誘導は章末の演習問題に譲る）．

$$\varepsilon = 3 \cdot d \cdot u / \{2H[H^2 + (L/2)^2]^{1/2}\} \tag{4.2.33}$$

ここに，d はワイヤの直径，u は接続間隔の広がり量（強制変位量），H はワイヤ高さ，L は接続間隔である．上式より，ひずみ ε を低減するためには，ワイヤ高さ H を高くすることが効果的であることなどがわかる．

(3) ねじり

同様な考え方で，棒のねじり（**図4.9**）に関する基本方程式は

$$d/dx(GI_x'd\phi_x/dx) = -t_x \tag{4.2.34}$$

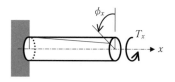

図4.9 棒のねじり

ここに，ϕ_x はねじれ角，t_x は分布ねじりモーメント荷重，G は横弾性係数，I_x' は有効断面二次極モーメントである．I_x' の具体的な式の例を**表4.1**に示す．

また，断面に生じるねじりモーメント M_x は

$$M_x = GI_x'd\phi_x/dx \tag{4.2.35}$$

最大せん断応力は

$$\tau_{\max} = M_x/Z_t \tag{4.2.36}$$

ここに，Z_t はねじりの断面係数である．具体的な式の例を**表4.1**に示す．

例えば，均一断面の棒の一端を固定して，他端にねじりモーメント荷重 T_x を加えたときのねじれ角 ϕ_x（**図4.9**参照）を，基本方程式より求めると（t_x は 0 とする），

$$\phi_x = T_x \cdot x/(GI_x') \tag{4.2.37}$$

ここに，x は固定端からの距離である．GI_x' はねじり剛性と呼ばれる．

4.3 重ね合わせの法則と解の唯一性

　線形弾性範囲の応力解析における支配方程式は，線形の微分方程式である．線形微分方程式の解には，重ね合わせの法則と解の唯一性が成り立つことが数学的に証明されている．

　応力解析における重ね合わせの法則は，ある荷重Aと荷重Bが同時に加わったときの変形は，AとBがそれぞれ単独で加わったときの変形を重ね合わせたものとなる，と表現される．応力についても同様のことが言える．この法則から，例えば図 4.10 のように，棒に引張りとねじりが同時に加わった場合の応力は，両者の応力をそれぞれ計算して重ね合わせればよい．

　また，解の唯一性から，一旦，基礎方程式と境界条件を満たす解が一つ見つかったとすれば，その他には解がないから，それが唯一の正解であると言える．

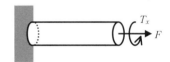

図 4.10　引張りとねじりの重ね合わせ

4.4 弾性床上のはり

　はりが弾性体の床の上にあって，はりのたわみ v によって床から反発力 $-Kv$（ここに，K は弾性床のばね定数に相当するものである）が生じる場合を考える（図 4.11）．この場合，はりの基本式（4.2節の式（4.2.9））の中の分布荷重 p が $-Kv$ となると考えれば，基本方程式は

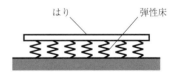

図 4.11　弾性床上のはり

$$\frac{d^4v}{dx^4} + 4\beta^4 v = 0 \tag{4.4.1}$$

ここに，β は応力分布を支配するパラメータであり，

$$\beta = \left(\frac{K}{4EI}\right)^{\frac{1}{4}} \tag{4.4.2}$$

ただし，EI は x によって変化しないとした．

式（4.4.1）の一般解は，A, B, C, D を未定定数として

$$f(A, B, C, D, \beta x) \\ = e^{\beta x}(A\cos\beta x + B\sin\beta x) + e^{-\beta x}(C\cos\beta x + D\sin\beta x) \tag{4.4.3}$$

とおくとき，

$$v = f(A, B, C, D, \beta x) \tag{4.4.4}$$

となる．この式を微分すると

$$\frac{dv/dx}{\beta} = \frac{\phi}{\beta} = f((A+B), -(A-B), -(C-D), -(C+D), \beta x) \tag{4.4.5}$$

$$\frac{d^2v/dx^2}{2\beta^2} = \frac{M}{2\beta^2 EI} = f(B, -A, -D, C, \beta x) \tag{4.4.6}$$

$$\frac{d^3v/dx^3}{2\beta^3} = \frac{F}{2\beta^3 EI} \\ = f(-(A-B), -(A+B), (C+D), -(C-D), \beta x) \tag{4.4.7}$$

$$\frac{d^4v/dx^4}{4\beta^4} = \frac{p}{4\beta^4 EI} = f(-A, -B, -C, -D, \beta x) \tag{4.4.8}$$

となる．

事例4.2 ピール応力分布の計算式

接着された膜や棒を引き剥がすことをピールと呼び，引き剥がし方向の力によって接着部に生じる応力をピール応力と呼ぶ．いま，図4.12に示すように，棒の底面を基板に接着剤で接着した構造（接着長さは充分長いとする）で，接着層を引き剥がす方向の力 P を，棒の端部に加えたときの接着部の引き剥がし方向の応力 σ_y の分布は，上記一般解を基に，次のように求まる．

$$\sigma_y = \sigma_{y\max} \cdot \exp(-x/x_0)\cos(x/x_0) \tag{4.4.9}$$

ここに，x は端部からの距離，x_0 は次の式で定義される量である．

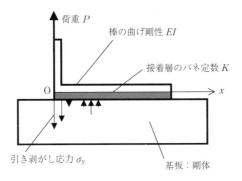

図 4.12 ピール

$$x_0 = 1/\beta = (4EI/K)^{1/4} \qquad (4.4.10)$$

ここに，EI は棒の曲げ剛性，K は接着剤のバネ定数である．

また，$\sigma_{y\mathrm{max}}$ は接着層の最大応力であり

$$\sigma_{y\mathrm{max}} = 2P/(b \cdot x_0) \qquad (4.4.11)$$

ここに，b は接着層の幅（＝棒の幅）である．

式（4.4.9）より，応力は，端部からの距離 x が大きくなると指数関数で減少することがわかる．したがって，接着長さがいくら長くても，実際に応力を負担する部分は，端部付近だけであり，この部分の長さは x_0 程度である．

また，最大応力 $\sigma_{y\mathrm{max}}$ が大きくなるのは，式（4.4.11）より x_0 が小さいときであり，x_0 が小さくなるのは，式（4.4.10）より，接着層のバネ定数 K が大きく，棒の曲げ剛性 EI が小さいときであることがわかる*．

---

* ピール強度については，はく離エネルギに基づく評価も，行われている．これについては文献 [5] などを参照されたい．

事例 4.3　コーティング材に埋め込まれたワイヤに生じるひずみの計算式

図 4.13 に示すように，一端の固定されたワイヤがコーティング材（通

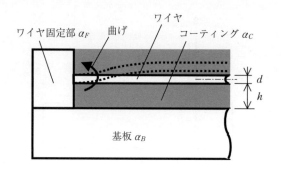

図 4.13 コーティングの熱膨張により，これに埋め込まれたワイヤに生じる曲げひずみの解析モデル

常，ヤング率が小さく線膨張係数の大きな樹脂材が用いられることが多い）の中に埋め込まれた構造を考える．温度が上昇すると，ワイヤの下のコーティング材が熱膨張して，ワイヤを持ち上げることにより，ワイヤに曲げひずみが生じる．最大曲げひずみはワイヤの固定端に生じ，その値 $\varepsilon_{b\max}$ は，次の式のようになる（この式の弾性床上のはりの基礎式からの導出は，章末の演習問題に譲る）．

$$\varepsilon_{b\max} = (4/\sqrt{\pi})\{E_C/[E_W \cdot \ln(1+2h/d)]\}^{1/2} \cdot h\Delta\alpha_c\Delta\theta/d \quad (4.4.12)$$

ここに，E_C はコーティングのヤング率（ここでは，コーティング材のヤング率が基板材のヤング率に比べ非常に小さい場合を考える），E_W はワイヤのヤング率，h はワイヤの下に挟まっているコーティング材の厚さ，$\Delta\theta$ は温度変化幅，d はワイヤ径である．$\Delta\alpha_C$ はコーティング材の相当線膨張係数差であり，

$$\Delta\alpha_C = 3\alpha_C - \alpha_F - 2\alpha_B \quad (4.4.13)$$

ここに，α_C, α_F, α_B は，コーティング材，ワイヤ固定部，基板のそれぞれの線膨張係数である．ここでは，コーティング材の水平方向の熱膨張は，基板により完全に拘束されているとしている．

式 (4.4.12) より，ひずみを小さくするには，E_C, h, $\Delta\alpha_C$, $\Delta\theta$ を小，d を大とすればよいことがわかる．

4.5 応力集中

部材に局部的に形状が急変する個所（穴，切り欠きなど）がある場合，ここに局部的に大きな応力が生じる．これを応力集中と呼ぶ．応力集中の生じる様子は，物体中の力の流れを想像することにより，イメージできる（図2.9参照）．応力集中の解析には厳密な弾性論が用いられる．

(1) 円孔

図4.14に示すように，板全体の寸法に比べて十分小さな円孔があいている板を考える．円孔から十分離れた位置に均一な引張り応力 σ_0 を加えたときに，円孔の近傍に生じる応力分布は，

$$\sigma_r = \frac{\sigma_0}{2}\left(1 - \frac{a^2}{r^2}\right) + \frac{\sigma_0}{2}\left(1 + \frac{3a^4}{r^4} - \frac{4a^2}{r^2}\right)\cos 2\theta \tag{4.5.1}$$

$$\sigma_\theta = \frac{\sigma_0}{2}\left(1 + \frac{a^2}{r^2}\right) - \frac{\sigma_0}{2}\left(1 + \frac{3a^4}{r^4}\right)\cos 2\theta \tag{4.5.2}$$

$$\tau_{r\theta} = -\frac{\sigma_0}{2}\left(1 - \frac{3a^4}{r^4} + \frac{2a^2}{r^2}\right)\sin 2\theta \tag{4.5.3}$$

ここに，σ_r, σ_θ, $\tau_{r\theta}$ は，円孔の中心に原点をとった円筒座標 (r, θ, z) で表した応力成分（θ は引張り応力 σ_0 の方向からとった角度），a は円孔の半径である．この応力分布の式が4.1節で示した弾性論の基礎式を満足する厳密な解となっていることの証明は，章末の演習問題に譲る．

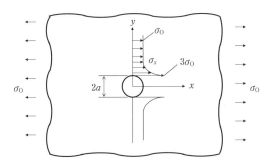

図4.14　円孔による応力集中

応力集中個所に生じる最大応力 $\sigma_{\max}$ の十分はなれた位置の応力 σ_0 に対する比率 α を応力集中係数と呼ぶ．すなわち，応力集中係数 α の定義式は

$$\alpha = \sigma_{\max}/\sigma_0 \tag{4.5.4}$$

十分はなれた位置の応力 σ_0 は，局所的な形状の影響はほとんど受けないので，前述のはり理論などの簡便な手法で求められるものであり，公称応力 (nominal stress) と呼ばれる．

円孔の場合は，$\sigma_{\max}$ は σ_θ の式（上記の式（4.5.2））で $r=a$，$\theta=\pi/2$ 代入することにより求まり，$\alpha=3$ となっていることがわかる．

(2) 楕円孔

図 4.15 に示すような楕円孔があいている場合の応力集中の解も求められている．楕円の主軸方向に x，y 軸を取る．孔の遠方で x 軸方向の垂直応力 σ_0 を加えたときの，y 軸上の応力分布は，次のようになる．

$$\begin{aligned}\sigma_x = \sigma_0 &\left[\frac{1}{\xi^2-1}\left(\xi^2 + \frac{a}{a-b}\right) - \frac{1}{(\xi^2-1)^2} \right.\\ &\left\{\frac{1}{2}\left(\frac{a-b}{a+b} - \frac{a+3b}{a-b}\right)\xi^2 - \frac{(a+b)b}{(a-b)^2}\right\}\\ &\left. - \frac{4\xi^2}{(\xi^2-1)^3}\left(\frac{b}{a+b}\xi^2 - \frac{b}{a-b}\right)\frac{a}{a-b} \right]\end{aligned} \tag{4.5.5}$$

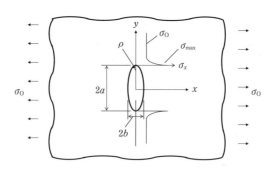

図 4.15 楕円孔による応力集中

ここに，σ_x は x 軸方向の垂直応力，σ_0 は公称応力，a, b は孔の y 方向と x 方向の半径，ξ と c は

$$\xi = \frac{y + \sqrt{y^2 - c^2}}{c}, \quad c = \sqrt{a^2 - b^2} \tag{4.5.6}$$

である．

式 (4.5.5) より，最大応力は孔の y 方向端部で生じ，その応力集中係数 α は

$$\alpha = 1 + 2\sqrt{a/\rho} \tag{4.5.7}$$

となる．ここに，ρ は応力集中部の曲率半径であり，$\rho = b^2/a$ である．この式より，曲率半径 ρ が 0 に近づくとき，応力集中係数 α は無限大に発散することがわかる．

4.6 応力拡大係数

先端の曲率半径 ρ の非常に小さな（$\rho \to 0$）薄い割れ目をき裂と呼ぶ．き裂の変形モードには，モード I，II，III の三種類（図 4.16 参照）がある．モード I は開口型であり，モード II は面内せん断型，モード III は面外せん断型である．図 4.16 に示すように座標をとったとき，き裂先端近傍の応力成分 $\sigma_x, \sigma_y, \tau_{xy}$ と変位 u, v の分布は次のようになる[3]．

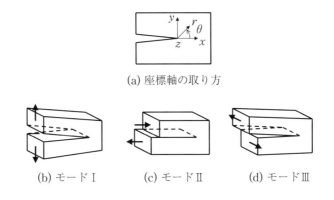

図 4.16　き裂のモデル

モードⅠの場合,

$$\begin{Bmatrix} \sigma_x \\ \sigma_y \\ \tau_{xy} \end{Bmatrix} = \frac{K_{\mathrm{I}}}{\sqrt{2\pi r}} \cos\frac{\theta}{2} \begin{Bmatrix} 1 - \sin\frac{\theta}{2}\sin\frac{3\theta}{2} \\ 1 + \sin\frac{\theta}{2}\sin\frac{3\theta}{2} \\ \sin\frac{\theta}{2}\cos\frac{3\theta}{2} \end{Bmatrix} \qquad (4.6.1)$$

$$\begin{Bmatrix} u \\ v \end{Bmatrix} = \frac{K_{\mathrm{I}}}{2G}\sqrt{\frac{r}{2\pi}} \begin{Bmatrix} \cos\frac{\theta}{2}\left(\kappa - 1 + 2\sin^2\frac{\theta}{2}\right) \\ \sin\frac{\theta}{2}\left(\kappa + 1 - 2\cos^2\frac{\theta}{2}\right) \end{Bmatrix} \qquad (4.6.2)$$

ここに,Gは横弾性係数,

$\kappa = 3 - 4\nu$ (平面ひずみ:すなわち $\varepsilon_z = \gamma_{yz} = \gamma_{zx} = 0$ の場合) (4.6.3)

$\kappa = (3-\nu)/(1+\nu)$ (平面応力:すなわち $\sigma_z = \tau_{yz} = \tau_{zx} = 0$ の場合)

(4.6.4)

ここに,νはポアソン比である.

式 (4.6.1) より,き裂先端方向 ($\theta = 0$) にそってのモードⅠの応力 σ_y の分布は次のようになる.

$$\sigma_y = \frac{K_{\mathrm{I}}}{\sqrt{2\pi r}} \qquad (4.6.5)$$

一方,モードⅡとモードⅢの $\theta = 0$ 方向の応力分布は

$$\tau_{xy} = \frac{K_{\mathrm{II}}}{\sqrt{2\pi r}} \qquad (4.6.6)$$

$$\tau_{yz} = \frac{K_{\mathrm{III}}}{\sqrt{2\pi r}} \qquad (4.6.7)$$

となる.ここに,rはき裂先端からの距離である.また,K_{I}, K_{II}, K_{III}は,それぞれモードⅠ,Ⅱ,Ⅲの応力拡大係数と呼ばれるものである.

上の式の応力は,$1/\sqrt{r}$ に比例するので,き裂先端 ($r \to 0$) で,式の上では無限大になってしまうことがわかる.しかし,$r = 0$ を除いた部分で考えると,上の式より,き裂先端近傍の応力分布は,K_{I}, K_{II}, K_{III} の三つのパラメータだけで決まることがわかる.そこで,破壊現象を評価するときに,応力の代わりに K_{I}, K_{II}, K_{III} を用いることがよく行われる.この K_{I}, K_{II}, K_{III} のよう

な，応力特異場*1を支配するパラメータを用いて破壊現象を評価する手法を破壊力学と呼ぶ．また，このようなパラメータを，破壊力学パラメータあるいは特異場パラメータと呼ぶ．

K_{I}, K_{II}, K_{III}の値は，き裂の形状寸法と負荷条件によって決まり，各種条件について，計算式が求められている．代表的な例を**表4.3**に示す．また，FEMを用いて数値的に求める方法も各種提案されている*2．

参考に，非常に薄い（理想的なき裂に近い）楕円穴のまわりの応力分布の（線形弾性）厳密解（式（4.5.5））と，これに対応するき裂の上記応力特異場の式の値を，比較して**図4.17**に示す．図4.17より，特異場の式は，き裂先端からの距離rが

$$\rho < r < (K/\sigma_0)^2/(2\pi) \tag{4.6.8}$$

の範囲で成り立つ近似解と考えることができる．ここにρはき裂先端曲率半径，σ_0は公称応力である．

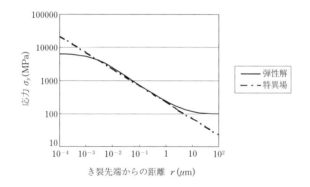

図4.17 き裂先端の応力特異場解[*1]と弾性厳密解[*2]の比較

(*1) $\sigma_y = K_{\mathrm{I}}/\sqrt{2\pi r}$ $(K_{\mathrm{I}} = 0.56[\mathrm{MPa}]\sqrt{\mathrm{m}})$

(*2) 長さ$/2 = 10\mu\mathrm{m}$，先端曲率半径$0.01\mu\mathrm{m}$の楕円孔に公称応力$100\mathrm{MPa}$が加わった場合

---

*1 ある点に近づくとともに無限大に向かって増加してゆくような応力分布を応力特異場と呼ぶ．

*2 最も単純な方法は，き裂先端を細かいメッシュに切ってFEMにより応力分布を求め，この分布に上記の式（4.6.5），（4.6.6），（4.6.7）が最もよくフィットするようなK_{I}, K_{II}, K_{III}の値を求める方法である．

表4.3 応力拡大係数の代表的公式

モデル	計算式
1. 遠方で一様応力を受ける無限板中のき裂	$K_\mathrm{I} = \sigma_{YO}\sqrt{\pi a}$ $K_\mathrm{II} = \tau_{XYO}\sqrt{\pi a}$ $K_\mathrm{III} = \tau_{YZO}\sqrt{\pi a}$
2. 遠方で一様な応力 σ_0 を受ける半無限板の外側き裂	$K_\mathrm{I} = \beta\sigma_0\sqrt{\pi a}$ ここに,$\beta = 1.1215$
3. 曲げを受ける板の片側き裂	$K_\mathrm{I} = \sigma_0\sqrt{\pi a}\,F(\xi)$ ただし $\sigma_0 = 6M/W^2$ $\xi = a/W$ $F(\xi) = 1.122 - 1.40\xi + 7.33\xi^2 - 13.08\xi^3 + 14.0\xi^4$ ($\xi \leq 0.6$ で誤差 0.2% 以下)
4. 剛体にはさまれた接合層中のき裂	$K_\mathrm{I} = \dfrac{\sqrt{1-2\nu}}{1-\nu}\sigma_0\sqrt{h}$ (平面ひずみの場合) ($\sigma_0 = (1-\nu)Ev_0/[(1+\nu)(1-2\nu)h]$) $K_\mathrm{II} = \sqrt{2}\cdot Gu_0/\sqrt{h}$ ($\nu = 0.5$ の場合) $K_\mathrm{III} = Gw_0/\sqrt{h}$
5. 膜と基板の界面のき裂(膜と基板の弾性係数が等しいと仮定できる場合)	$K_\mathrm{I} = -0.434Ph^{-1/2} + 1.934Mh^{-3/2}$ $K_\mathrm{II} = -0.558Ph^{-1/2} + 1.503Mh^{-3/2}$ $\mathcal{G} = (1-\nu^2)(P^2 + 12M^2/h^2)/(2Eh)$ (平面ひずみの場合)

(注) K_I, K_II, K_III:モードⅠ,Ⅱ,Ⅲの応力拡大係数,$\mathcal{G}$:エネルギ解放率,a:き裂寸法,σ_0:公称応力,E:ヤング率,ν:ポアソン比,G:横弾性係数,u_0, v_0, w_0:x, y, z 方向の強制変位量,P:荷重,M:曲げモーメント.

4.7 エネルギ解放率

き裂を評価するパラメータとして,応力拡大係数のほかによく使われるものに,エネルギ解放率$\mathcal{G}$がある.$\mathcal{G}$は次式で定義される.

$$\mathcal{G} = -\partial U_t / \partial A \tag{4.7.1}$$
$$U_t = U_\varepsilon + U_f \tag{4.7.2}$$

ここに,U_tは対象系のポテンシャルエネルギ,U_εは対象構造の弾性ひずみエネルギ,U_fは負荷のポテンシャルエネルギ,Aはき裂の面積である.

すなわち$\mathcal{G}$は,き裂が単位面積だけ進展したときのポテンシャルエネルギ(弾性ひずみエネルギに負荷のポテンシャルエネルギを加えたもの)の解放量を表している.これは,き裂進展力とも呼ばれる.

グリフィスは,き裂進展の条件として,次の条件を提案した.

$$\mathcal{G} \geq 2\gamma \tag{4.7.3}$$

ここに,γは表面エネルギ*である.

すなわち,き裂が進展すると,き裂の上面と下面をあわせてき裂面積の二倍の表面が新たに生じ,この分の表面エネルギが増加するから,この分が他エネルギ(すなわち,弾性ひずみエネルギ又は負荷のポテンシャルエネルギ)から供給されなければならない.

この条件は,き裂進展の必要条件である.すなわち,この条件が成り立たなければ,き裂は進まないが,この条件が成り立っても,ただちにき裂進展が生じるとは限らない.これについては,第5章で説明する.

このエネルギ解放率$\mathcal{G}$は,応力拡大係数と次の関係がある.

$$\mathcal{G} = (K_\mathrm{I}^2 + K_\mathrm{II}^2)/E' + K_\mathrm{III}^2/(2G) \tag{4.7.4}$$

ここに,Gは横弾性係数,E'は,

$$E' = E \quad (平面応力の場合) \tag{4.7.5}$$
$$E' = E/(1-\nu^2) \quad (平面ひずみの場合) \tag{4.7.6}$$

ここで,Eはヤング率,νはポアソン比である.

---

* 表面が無い場合に比べて,表面が存在することによって生じるエネルギの増加分であって,単位表面積あたりの値で表される.

第4章 問題

[問4.1] 図3.16に示すような電子部品において，ベースが固定された状態で，リードの先端に強制変位が加わったときに，この強制変位の加わる位置に生じる力は，リードの長さを半分にしたときに，何倍になるか．他の寸法や変位量は一定とする．電子部品のリード以外の部分の剛性は大きく，リードは弾性範囲にあるとして，片持ちはりの式を用いて推定せよ．

[問4.2] 図4.12に示すように，薄板を折り曲げて基板に接着したものに，引き剥がし方向の力を加える場合を考える．剥がれを開始する力は，板厚を半分にすると何倍になるか．
【ヒント】接着端部の応力がある一定の限界応力に達したときに剥がれが開始するとして，ピール応力の式（4.4.11）を用いて推定する．

[問4.3] 引張り応力の作用する板の，側面にあるき裂の深さaが2倍になったときに，応力拡大係数は何倍になるか．公称応力は一定とし，き裂深さaは板幅より充分小さいとする．
【ヒント】表4.2のモデル2の式を用いて検討．

[問4.4] ベルヌーイ・ナビエの仮定に基づき，はりの基本方程式（4.2.9）を導け．
【ヒント】図4.6の式誘導の流れを参考とする．

[問4.5] 強制変位を受けるボンディングワイヤのひずみの式（4.2.33）をはり理論を用いて導け．ボンディングワイヤに生じる変形は，曲げによるものが支配的であり，引張りによるものは十分小さいとする．
【ヒント】$\varLambda$形のボンディングワイヤを二本のはりの結合されたものとしてモデル化する．

[問4.6] 重ね合わせの法則を用いて，丸棒に引張りとねじりが同時に加わったとき（図4.10）の最大引張り応力の式を求めよ．

[問4.7] ピール応力の式（4.4.9）〜（4.4.11）を弾性床上はりの基本式（4.4.1）〜（4.4.8）から導け．

[問4.8] コーティング材にうめこまれたワイヤのひずみの式（4.4.12）を，弾性床上はりの基本式から導出せよ．

[問4.9] 円孔を有する板の応力分布の式(4.5.1)〜(4.5.3)が，弾性論の厳密な解となっていることを確かめよ．

【ヒント】(1) 境界条件を満足することは，上の式で$r=a$とすると$\sigma_r=0$となっていること，また，$r \to \infty$として，これをxy座標系に座標変換することによって，$\sigma_x=\sigma_0$, $\sigma_y=0$となっていることから確かめる．(2) 弾性論の基礎方程式を満足していることは，基礎方程式（4.1節）に代入してみることによって確かめる．ひずみ－変位関係式を満足するような変位が存在するための必要十分条件，すなわち適合条件は，本問題のような平面問題の場合，$\partial^2 \varepsilon_x / \partial y^2 + \partial^2 \varepsilon_y / \partial x^2 = \partial^2 \gamma_{xy} / \partial x \partial y$となる．

[問4.10] エネルギ解放率と応力拡大係数の関係式（4.7.4）の導出法を調査せよ．

[問4.11] せん断変形を受ける接合層の中のき裂（表4.2のモデル4）のモードⅡの応力拡大係数K_{II}の式を，エネルギ開放率の定義式（式（4.7.1））と応力拡大係数との関係式（式（4.7.4））を用いて導け．

[問4.12] 表面き裂（表4.2のモデル2）の応力拡大係数がき裂寸法の増加にともないどんどん増加するのに対して，剛な材料にはさまれた接合層中のき裂（表4.2のモデル4）の応力拡大係数は，き裂寸法に依存しない．この理由について定性的に説明せよ．

【ヒント】応力拡大係数は，エネルギ解放率の平方根に比例する（単独モードの場合）．エネルギ解放率は負荷系ポテンシャルエネルギの解放率とひずみエネルギの解放率を足し合わせたものであるが，本対象モデルでは，き裂進展による負荷系ポテンシャルエネルギ変化はないことから，応力拡大係数は，ひずみエネルギ解放率の平方根に比例する．このエネルギ解放率の変化を，き裂が単位長さ（微小量）進展したときに弾性ひずみが解放されるされる領域の大きさの変化から考える．

第5章
脆性材料と延性材料

第5章　脆性材料と延性材料

5.1　脆性材料と延性材料の破壊挙動の違い

　破壊現象を考える上で，材料を脆性材料と延性材料にわけて考えることが有効である．具体的な例を挙げた方がわかりやすいので，脆性材料としてシリコン単結晶を考え，延性材料として，はんだ材を考える．シリコン単結晶は半導体チップ*の材料として，はんだは電子装置の各部接続用の材料として多用されている重要な材料である．

　シリコンとはんだの試験片にひずみを加えていったときの応力とひずみの関係（応力－ひずみ曲線）は図5.1のようになる．ひずみに対する挙動を考えると，シリコンは小さなひずみでパリンと破壊してしまうのに対して，はんだは大きなひずみを加えないと破壊しない．一方，応力に対する挙動を考えると，はんだは小さな応力でぐにゃりと降伏してしまうのに対して，シリコンは大きな応力を加えても降伏しない．

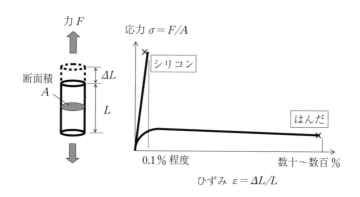

図5.1　シリコンとはんだの応力－ひずみ関係

＊　表面に各種微細素子を形成した数mm角の板，各種デバイスの心臓部となる．

この挙動の差は，原子間結合力の差に起因している．シリコン結晶においては，一個の原子は隣接する4個の原子とかたく結びついている．一方，はんだの主要構成材料である鉛（Pb）の結晶構造においては，一個の原子のまわりに12個の原子が隣接しており，これらとゆるく結びついている（図5.2）．原子間結合の強さの差は，原子間ポテンシャルの深さの差で表される（図5.3）．この原子間結合の強さの差は，原子間結合の'のり'として働く最外郭電子の，原子核との結合の強さの差に起因する（図5.4）．シリコン原子（Si）で

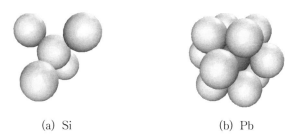

(a) Si　　　　　　　　(b) Pb

図5.2　シリコン（Si）とはんだの主要構成元素である鉛（Pb）の結晶中の原子配置

Siは，強い方向性を持った原子間結合により，疎な配置となり，またすべりを生じにくい．Pbは，結合の方向性が弱いため，密な配置となり，すべりを生じやすい．

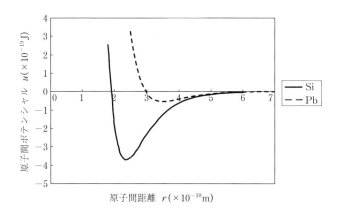

図5.3　SiとPbの原子間ポテンシャル（モース関数）

原子間結合の強さの差はポテンシャルの深さの差で表される．

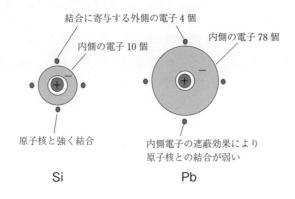

図 5.4　Si と Pb の電子配置
原子間結合の強さは最外郭電子の状態で決まる．

は，最外郭電子が原子核に強く結合しているのに対して，Pb ではゆるく結合している．この結合強さの差は，最外郭電子の内側にある内閣電子による原子核の静電力の遮蔽効果による．Si では内郭電子が 10 個しかないのに対して，Pb では 78 個もの内郭電子が遮蔽している．これが根本的な挙動の差を生じているのである．

化学の教科書の元素の周期表を開いてみると，炭素属元素の列の Si と Pb の間には Ge と Sn（錫）があることがわかる．はんだのもう一つの主要構成材料である Sn は，Si と Pb の中間の性質を持っているが，Pb の方に，より近い性質を有していると言える．

5.2　脆性材料のき裂先端の原子レベル解析

脆性材料の破壊挙動は，材料中のミクロな欠陥を考えることにより，説明できる．すべての材料は，ミクロには必ず欠陥を有していることが知られている．き裂状の欠陥を考えると，その先端には大きな集中応力が生じている．連続体力学で考えると、先端の曲率が 0 のするどいき裂を考えることができて，応力はき裂先端で無限大になる（前記 4.6 節参照）が，原子レベルで考えれば，ある有限な値を持つ．シリコン単結晶のき裂先端近傍に K_I モードの負荷

が加わった場合の,原子レベルの状態を考える(図5.5).原子レベルの解析による原子間力[1]を応力に換算した結果を,連続体解析結果(K_I特異場応力)と比較して,図5.6に示す.この場合,原子レベル解析による応力は,き裂先端のごく近傍(き裂先端の1〜2原子間隔前後の部分)以外では,K_I特異場応力によく一致していることがわかる.

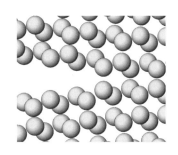

図5.5 シリコンのき裂先端の原子配置

き裂先端のごく近傍での原子レベル応力のK_I特異場応力からのずれは,原子間力の大ひずみ領域における非線形性(P.17の図2.7(b)参照)から理解できる.き裂の最先端の原子結合(図5.6の$r = 1.7 \times 10^{-10}$m)の応力が,K_I特異場応力より少し小さくなるのは,ひずみが大きくなると原子間結合のバネがやわらくなるためと考えられる.一方,き裂面(図5.6の$r = -1.7 \times 10^{-10}$mと-5×10^{-10}m)の応力は,連続体力学では当然0であるが,原子レベル解析では少し応力が生じている.これは,原子間距離が,力が最大となる点を過ぎて引き伸ばされても,原子間引力はすぐには0にならず,徐々に減少するためである.

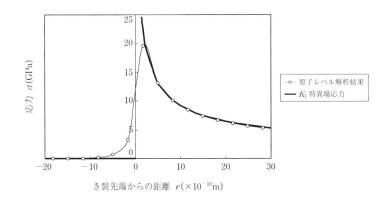

図5.6 シリコンのき裂先端では原子レベルで高い応力集中が生じる
$K_I = 0.7 \,[\mathrm{MPa}\sqrt{\mathrm{m}}]$

脆性破壊のプロセスを考える．作用荷重を増加させてゆくとある時点で，き裂先端の原子間結合に加わる力が結合力を越えて，結合の切断が生じる．これにより，き裂が結合一個分進む．き裂が一旦進み始めると，通常その次の原子間結合に加わる力はさらに大きくなるので，き裂の進展速度は加速度的に増加して，最終的には音速に近い速度で進展し，完全破断に至る*．

き裂進展が生じるのは，き裂先端原子間結合に加わる力が，その限界力を超える場合であり，これが成り立つK_Iの値は，原子間ポテンシャルの形によって変わるので，原子の種類によって違ってくる．しかし，原子の種類が決まれば一対一の関係があると考えられるので，き裂進展の生じる条件は，次のように表すことができる．

$$K_I > K_{IC} \tag{5.2.1}$$

ここに，K_{IC}は，K_Iの限界値であり，材料によってきまる値（材料定数）と考えられ，破壊靭性値と呼ばれる．

K_Iは，前述のように，次の形で表せる．

$$K_I = \sigma_0 \cdot f(a) \tag{5.2.2}$$

ここに，σ_0は公称応力，aはき裂寸法，fはき裂形状で決まる関数である．

したがって，式(5.2.1)の条件は，次のようにも表される．

$$\sigma_0 > \sigma_c \tag{5.2.3}$$

ここに，σ_0は材料に発生する公称応力，σ_cは公称応力で強度を評価するときの破壊限界値であり，

$$\sigma_c = K_{IC}/f(a) \tag{5.2.4}$$

と表される（下記の事例5.1参照）．

破壊靭性値K_{IC}の値は通常，実験（初期き裂を形成した試験片の破壊強度測定）により求められるが，ここでは原子間の結合エネルギの観点から求めてみよう．き裂が進展するとき，き裂先端の二つの原子を引き離し，原子間結合を

---

* 負荷条件によっては，き裂進展と共にき裂先端結合に加わる力が小さくなり，き裂が途中で停止する場合もある．熱応力のように変位によって力が生じている場合で，き裂進展とともに，力が緩和される場合である．

切断するためのエネルギ D（これが，すなわち原子間結合エネルギであり，原子間ポテンシャルの井戸の深さとなる：P.17 の図 2.7(a) 参照）の供給が必要である．このエネルギはき裂の進展にともなう弾性ひずみエネルギ（及び負荷系のポテンシャルエネルギ）の解放により補われる．弾性ひずみエネルギのき裂の単位面積の進展による解放量はエネルギ解放率 $\mathcal{G}$ と呼ばれる．$\mathcal{G}$ は K_I と次の関係がある（4.7 節参照）．

$$K_\mathrm{I} = (E'\mathcal{G})^{1/2} \tag{5.2.5}$$

ここに，E' は平面応力の場合 E，平面ひずみの場合 $E/(1-\nu^2)$ である（ここで E はヤング率，ν はポアソン比）．

したがって，K_IC は

$$K_\mathrm{IC} = (E'D/A)^{1/2} \tag{5.2.6}$$

となる*．ここに，D は原子間結合エネルギ，A は原子間結合の一本あたりの面積である（下記の事例 5.2 参照）．

---

* 原子間結合を切断することにより，ふたつの表面が形成されるから，結合切断の瞬間には，結合切断エネルギ $D/A = 2\gamma$（ここに，γ は表面エネルギ）となると考えられる．ただし，表面エネルギ γ は，切断後の短時間の内に，表面原子の緩和，再配列および雰囲気原子の吸着や反応を生じることによって低下するから，$2\gamma < D/A$ となる．通常表面エネルギとして求められるのは，こちらの低下後の値である．したがって，この γ の値を用いて考えた場合には，$K_\mathrm{I} = (2E'\gamma)^{1/2}$ の負荷を加えても，き裂進展が直ちに生じることはない．しかし，長時間の内には，原子の熱振動のエネルギの助けを借りて，速度過程として，き裂の進展が生じる可能性がある．この速度過程によるき裂進展の問題については，8.4 節で説明する．

事例 5.1　シリコンチップ強度の確率分布

半導体装置の心臓部となるシリコンチップと呼ばれるシリコン単結晶の板の強度は図 5.7 のよう統計的分布を有している[2]．図 5.7 より，強度の統計的分布は，シリコンチップの切断加工法によって変化することがわかる．この変化は，加工時に生じた微小な加工きずが，荷重を加えたときに初期き裂として作用することによる（章末の問 5.1 参照）．

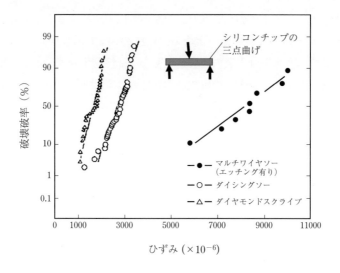

図5.7　シリコンチップの強度分布の例

事例5.2　シリコンの破壊靱性値 K_{IC} の原子間結合エネルギからの算出

シリコン結晶の昇華エネルギ*は 446 kJ/mol である．これを原子一個あたりに換算すると，7.41×10^{-19} J/atom．シリコン原子一個は4個の隣接原子に結合しており，この4本の結合の半分を一個の原子に帰属させて考えれば，一本の結合あたりの結合エネルギは，$D = 3.71 \times 10^{-19}$ J/bond となる．

シリコンの結晶構造はダイヤモンド構造を取るが，ダイヤモンド構造の{111}面を考えると原子結合一本あたりの面積 $A = (4/\sqrt{3}) r_0^2$（ここに r_0 は原子間距離）．シリコンの r_0 は 2.35×10^{-10} m であるから，$A = 1.275 \times 10^{-19}$ m^2．また，シリコンのヤング率 E は 190×10^9 Pa として，式 (5.2.6) に代入すると

$$K_{\mathrm{IC}} = 0.744 [\mathrm{MPa}\sqrt{\mathrm{m}}] \tag{5.2.7}$$

これは，実測値 $0.7 \sim 0.9$ MPa$\sqrt{\mathrm{m}}$ とよく一致している．

---

*　固体を気体（すなわち原子がばらばらになった状態）にするのに要するエネルギ

5.3 延性材料のき裂先端近傍の状態

これまでは，脆性材料のき裂先端の状態について検討してきた．延性材料においてはかなり異なる状態が生じる．この状況を模式的に図5.8に示す．

初期的に図5.8(a)に示すようなするどいき裂があったとする．き裂先端には，応力集中が生じる．延性材料では原子と原子の間のずれが生じやすいので，き裂先端の原子にずれが生じ，このずれが次々に下に伝播してゆく．図5.8(b)の中に示されている，右側に対応する原子層のない余分な原子層は，原子のずれがここまで来たことを示している．この余分な原子層のはさまった状態が転位であり，余分な原子層の先端は転位芯と呼ばれる．この原子のずれがき裂先端から伝播する現象は，「き裂先端からの転位の放出」という言い方もされる．転位放出が次々と生じることにより，き裂先端のするどさは失われる．これをき裂の鈍化と言う．延性材料では，このき裂鈍化ため，き裂先端の応力集中は緩和され，き裂の進展は抑制される[3]．

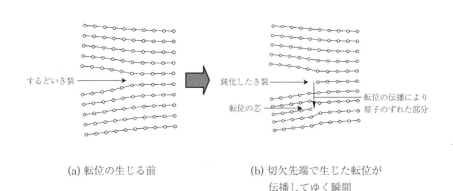

(a) 転位の生じる前　　　　　(b) 切欠先端で生じた転位が
　　　　　　　　　　　　　　　　伝播してゆく瞬間

図5.8　延性材料のき裂先端では転位放出により応力が緩和
　　　丸は原子，横線は原子間結合を表す．
　　　縦方向の結合線は見やすくするため省いてある．

5.4 繰り返し負荷に対する材料挙動

これまでは一方向の負荷が加わった場合の破壊について考えてきた．次に繰り返し負荷に対する材料挙動について説明する．

延性材料においては，一方向負荷で破壊するひずみレベルより，はるかに小さい負荷であっても，繰り返し加えることによって破壊が生じることが知られている．この現象を疲労と呼ぶ．疲労による寿命は，破壊までの負荷の繰り返し数 N_f（図 5.9(a)）で表される．N_f を決める最も支配的な因子は，ひずみ範囲 $\Delta\varepsilon$（ひずみの変化幅）である．$\Delta\varepsilon$ と N_f の関係は，通常，両対数グラフにプロットされ，右さがりの曲線で表される（図 5.9(b)）．$\Delta\varepsilon$ の代わりに応力範囲 $\Delta\sigma$ と N_f の関係でプロットする場合もある．このような曲線を S-N 曲線と呼ぶ．

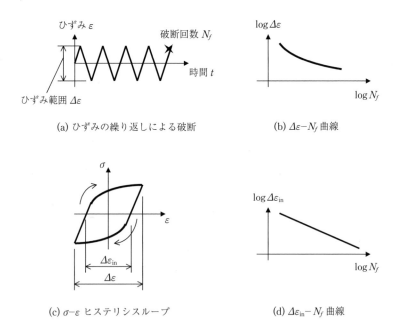

(a) ひずみの繰り返しによる破断

(b) $\Delta\varepsilon$–N_f 曲線

(c) σ–ε ヒステリシスループ

(d) $\Delta\varepsilon_{in}$–N_f 曲線

図 5.9 延性材料の繰り返し負荷に対する挙動

繰り返し負荷を加えているときの応力とひずみの関係はヒステリシスループを描く（図5.9(c)）．このループの面積は繰り返し負荷一回あたりに消費されたエネルギを示しており，材料内部になんらかの不可逆変化が生じていることを示している．ヒステリシスループの幅が非弾性ひずみ範囲 $\Delta\varepsilon_{in}$ であり，$\Delta\varepsilon_{in}$ と N_f の間には，両対数で表して直線関係（図5.9(d)），すなわち，β と C を定数として，

$$\Delta\varepsilon_{in} \cdot N_f{}^\beta = C \tag{5.4.1}$$

の関係があることが，さまざまな材料で確かめられている．この関係はコフィン・マンソン則と呼ばれている．上式の β の値は，さまざまな金属で約0.5の値が得られている．

疲労現象は，材料中の微細な初期欠陥がひずみの繰り返しにより成長し，破壊に至る現象と考えることができる．はんだの疲労については8章8.5節で，再度説明する．

ここまでは，延性材料の疲労について述べてきたが，脆性材料においては，S-N曲線の傾きが小さくなる．すなわち，脆性材料では繰り返し負荷による強度低下が小さい．特にシリコン単結晶においては，通常は疲労破壊は生じないと考えてよい*．理想的な弾性体であるため，疲労の原因となる材料内部の不可逆変化が生じないからである．応力-ひずみ関係のヒステリシスは，通常の測定精度の範囲で0である．すなわちシリコンは，耐久性の高いマイクロマシンや高精度のセンサ（ヒステリシスが測定誤差の原因となる）をつくるための材料として，優れた性質を持っていると言える．

---

* 厚さ数百ミクロンのシリコンチップの繰返し曲げ試験では，疲労による実質的な強度低下は生じていない[2]．しかし，厚さ数ミクロンにマイクロ加工されたシリコンカンチレバーでは，疲労破壊が生じる場合があることがわかってきた[4]．これは，通常の金属の疲労とは異なるメカニズムによるもので，シリコン表面にできるnmオーダの厚さの自然酸化膜（大気中で表面に自然にできる酸化膜）の静疲労に起因するものと考えられる．この破壊モードは，母材に対する自然酸化膜の寸法の比率に依存するので，構造の微細化によって現れてくるマイクロ構造に特有のものと思われる．この破壊モードの根本原因と考えられる酸化けい素（SiO_2）の静疲労については，8.4節で詳しく説明する．マイクロシリコン材料のS-N曲線については，文献 [7] を参照されたい．

5.5 脆性材料と延性材料の強度評価の考え方のまとめ

脆性材料と延性材料の強度評価の考え方の違いを表5.1に纏めておく．

表5.1 脆性材料と延性材料で強度評価の考え方は大きく異なる

	脆性材料（例：シリコン）	延性材料（例：はんだ）
応力-ひずみ挙動	弾性挙動	弾塑性クリープ挙動
重要破壊モード	静的破壊	疲労破壊
強度評価の 主パラメータ	最大引張り応力　　σ_{max} *1	ひずみ範囲　　$\Delta\varepsilon$ *2

*1 多軸応力状態では，最大主応力 σ_1 が用いられる．
*2 多軸状態では，相当ひずみ範囲 $\Delta\varepsilon_{eq}$ が用いられる（付録B参照）．

これまで，脆性材料の代表としてシリコン単結晶を，延性材料の代表として鉛を主成分とするはんだを取り上げて，その差を明確にして説明してきた．他の材料についても，セラミクスは通常，脆性的な性質を示し，金属材料は延性を示す．しかし，材料によっては，中間的な性質を示すものもある．また，同じ材料であっても，条件によって脆性的な性質を示したり，延性的な性質を示したりする場合がある．例えば，通常は延性に富む鉄鋼材料が，低温で脆性破壊を生じやすくなる．一方，シリコンは，すでに述べたように常温で完全に脆性的であるが，600℃以上*の高温にすると，延性を示すことが知られている．

* この遷移温度は，バルク材における値である．近年の研究により，試験片サイズをマイクロ化すると，遷移温度が低下することが明らかになってきた．深さ1μmで先端曲率半径30nmのするどい切欠きをFIBで形成したシリコン単結晶マイクロ試験片の引張り試験により，試験片厚さ4μmの場合は70℃，1μmの場合は−20℃以下という低温で遷移が生じることが報告されている[6]．ただし，マイクロ試験片でも，切欠きがないものでは，より高い遷移温度となり，厚さ4μmで切欠きなしでは，遷移温度400℃というデータも得られている．しかも，こうした塑性変形を生じるのは，いずれもGPaレベル以上の高応力を負荷した場合であり，高精度マイクロマシン用弾性材料としてのシリコンの優位性はゆるがない．

第 5 章 問題

[問 5.1] 図 5.7 の中に示すシリコンチップの加工法のそれぞれにおいて，生じている初期き裂の寸法を推定せよ（ここでは破壊確率 50％における破壊応力に対応する値を求めて，加工法による差を比較せよ）．シリコン単結晶のヤング率 E は 190 GPa，破壊靱性値 K_{IC} は $0.7\,\mathrm{MPa}\sqrt{\mathrm{m}}$ とする．
【ヒント】チップの寸法に比して深さの十分小さな表面き裂を仮定して，表 4.3（P.70）のモデル 2 の公式を利用する．

[問 5.2] シリコンは引張りに弱く，圧縮に強い．この理由について考察せよ．

[問 5.3] シリコンのはりの破壊限界応力は，はりの寸法を小さくした方が強くなる傾向がある．この理由について考察せよ．

[問 5.4] 脆性材料の破壊基準として，最大主応力がある限界値に達したときに破壊が生じるとする「最大主応力説」以外に，どのような説があるか調査せよ．

[問 5.5] はんだ材の低サイクル疲労寿命に影響する因子として，ひずみ範囲の他に，どのような因子が考えられているか，調査せよ．

[問 5.6] Sn（錫）は，通常 β-Sn 型の結晶構造（一個の原子の近くに 10 個の原子がある構造）を取るが，低温ではダイヤモンド型結晶構造（一個の原子の近くに 4 個の原子がある構造）の α-Sn への変態を生じる場合がある．β-Sn は延性に富むが，α-Sn は脆性的となる．この理由について考察せよ．

第6章
異種材料接合構造の熱応力とその性質

第6章　異種材料接合構造の熱応力とその性質

　異なる材料を接合した構造に温度変化が加わると，材料の熱膨張の差によって，変形，ひずみ，応力が発生する．これらの発生挙動を理解することは，さまざまな装置の設計上，重要である．本章では，変形や応力の発生挙動を理解するのに有効なせん断遅れモデル*による解析[1, 2]をベースとして，この挙動について説明する．

6.1　異材接合構造の支配方程式

　図 6.1 に示すように，異なる材料でできた二つのはり（上部材と下部材）が接合層を介して接合された構造に関する問題を考える．接合層の中央に原点を取り，接合層にそって（水平方向に）x 座標を，厚さ方向（垂直方向）に z 軸を取る．

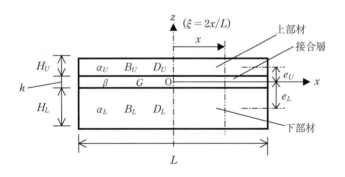

図 6.1　異材接合構造の基本モデル

＊　接合された二つの部材に働く力が，部材間で接合層のせん断応力を介して伝達されるとするモデルである．ここで説明するモデルは，通常のせん断遅れモデルを，材料の熱膨張差によるそりを考慮できるように拡張してある．

まず，ひずみの定義式から，接合層に生じるせん断ひずみ γ は次のように表せる．

$$\gamma = (u_L - u_U)/h \tag{6.1.1}$$

ここに，u_L, u_U は，接合層の下面と上面の水平方向変位，h は接合層の厚さである．

次に，はり理論から

$$du_U/dx = \varepsilon_{UL} = \alpha_U \Delta\theta + F_U/B_U - e_U/\rho \tag{6.1.2}$$

$$du_L/dx = \varepsilon_{LU} = \alpha_L \Delta\theta + F_L/B_L + e_L/\rho \tag{6.1.3}$$

ここに，ε_{UL} と ε_{LU} は，それぞれ上部材の下面と下部材の上面のひずみ，α_U と α_L は上下部材の線膨張係数，$\Delta\theta$ は温度変化，F_U と F_L は上下部材の断面に水平方向に加わる力，B_U, B_L は上下部材の伸び剛性で $B_U = E_U H_U$, $B_L = E_L H_L$（ここに，E_U, E_L は上下部材のヤング率，H_U, H_L は上下部材の厚さ）であり，e_U, e_L は接合層の中央（$z=0$）から上下部材の中央までの距離（z 座標の絶対値）で $e_U = (H_U + h)/2$, $e_L = (H_L + h)/2$ であり，ρ は曲率半径である．

また，断面の力とモーメントの釣り合い（図 6.2）から

$$F_U + F_L = 0 \tag{6.1.4}$$

$$e_U F_U - e_L F_L + M_U + M_L = 0 \tag{6.1.5}$$

ここに，M_U, M_L はそれぞれ上部材と下部材の断面に加わる曲げモーメントであり，はり理論から

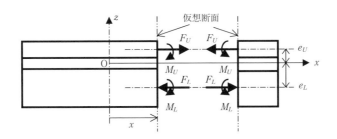

図 6.2 接合モデルの力の釣り合い

$$M_U = D_U/\rho \tag{6.1.6}$$
$$M_L = D_L/\rho \tag{6.1.7}$$

ここに，D_U，D_L は上下部材の曲げ剛性で，$D_U = E_U H_U^3/12$，$D_L = E_L H_L^3/12$ である．

一方，接合層を介して働くせん断応力 τ により上下部材に加わる力が変化することから

$$-dF_U/dx = dF_L/dx = (1-\beta)\tau \tag{6.1.8}$$

ここに，β は，はんだのボイド面積率である．

以上が基礎式である．これらの基礎式（式(6.1.1)～(6.1.8)）から次の支配方程式が導かれる．

$$\frac{d^2\gamma}{dx^2} = \frac{1-\beta}{h}\left[\frac{1}{B_U} + \frac{1}{B_L} + \frac{(e_L+e_U)^2}{D_U+D_L}\right]\tau \tag{6.1.9}$$

次に，境界条件を考える．まず構造の対称性から

$$x=0 \text{ で } \gamma=0 \tag{6.1.10}$$

また，端部で F_U, F_L, M_U と M_L が 0 であることと式 (6.1.1), (6.1.2), (6.1.3), (6.1.6), (6.1.7) から，

$$x=L/2 \text{ で } d\gamma/dx = (\alpha_L - \alpha_U)\Delta\theta/h \tag{6.1.11}$$

となる．ここに，L は接合層の長さである．

いったん，γ の解 $\gamma(x)$ が求まれば，前述の基礎式から，上部材の変位 U_U，ひずみ ε_U，たわみ角 ϕ，曲率半径 ρ は次の式で求まることがわかる．

$$U_U = \alpha_U \Delta\theta \cdot x + g_U(z) \cdot [(\alpha_L - \alpha_U)\Delta\theta \cdot x - \gamma(x) \cdot h]/(S_U + S_L) \tag{6.1.12}$$
$$\varepsilon_U = \partial U_U/\partial x \tag{6.1.13}$$
$$\phi = \partial U_U/\partial z \tag{6.1.14}$$
$$1/\rho = \partial \phi/\partial x \tag{6.1.15}$$

ここに，

$$g_U(z) = 1/B_U + (e_U - z)(e_U + e_L)/(D_U + D_L) \tag{6.1.16}$$
$$g_L(z) = 1/B_L + (e_L + z)(e_U + e_L)/(D_U + D_L) \tag{6.1.17}$$

$$S_U = g_U(0) \tag{6.1.18}$$
$$S_L = g_L(0) \tag{6.1.19}$$

である.

下部材についても同様な式が成り立つ.

6.2 接合層のせん断ひずみ

前記の支配方程式（式 (6.1.9)）は，接合層の τ と γ の関係が任意の関係の場合に成り立つが，これ以降は見通しのよい式とするため，線形関係を仮定して議論を進める．すなわち $\tau = G\gamma$ の関係を代入すれば，支配方程式は

$$\frac{d^2 \gamma}{d\xi^2} = \lambda^2 \gamma \tag{6.2.1}$$

ここに，

$$\xi = x/(L/2) \tag{6.2.2}$$
$$\lambda = \sqrt{(S_U + S_L)/S_B} \tag{6.2.3}$$
$$S_U = 1/B_U + e_U(e_U + e_L)/(D_U + D_L) \tag{6.2.4}$$
$$S_L = 1/B_L + e_L(e_U + e_L)/(D_U + D_L) \tag{6.2.5}$$
$$S_B = 4h/[(1-\beta)GL^2] \tag{6.2.6}$$

境界条件は

$$\xi = 0 \ \text{で} \quad \gamma = 0 \tag{6.2.7}$$
$$\xi = 1 \ \text{で} \quad d\gamma/d\xi = \gamma_O \tag{6.2.8}$$

ここに，γ_O は次の式で定義される.

$$\gamma_O = L(\alpha_L - \alpha_U)\Delta\theta/(2h) \tag{6.2.9}$$

この境界条件で支配方程式を解けば，接合層のせん断ひずみ γ の分布は

$$\gamma = \gamma_{\max} \cdot \sinh(\lambda\xi)/\sinh(\lambda) \tag{6.2.10}$$

ここに，$\gamma_{\max}$ は最大せん断ひずみであり，

$$\gamma_{\max} = \gamma_O \tanh(\lambda)/\lambda \tag{6.2.11}$$

である.

ここで,λは,接合層のせん断ひずみ分布を支配する重要なパラメータであり,被接合部材に対する接合層の剛性の比率*を示すものなので,接合層剛性比とも呼ぶ.下部材の剛性が上部材の剛性より十分大きい場合には,式 (6.2.3) は次のように簡単化できる.

$$\lambda = [(1-\beta)GL^2/(4E_U H_U h)]^{1/2} \tag{6.2.12}$$

ここに,β, G, L, hはそれぞれ接合層のボイド面積率,横弾性係数,長さ,厚さであり,E_UとH_Uは上部材のヤング率と厚さである.

上記の式を用いて,接合層のせん断ひずみγを計算した例を図6.3に示す.接合層剛性比λが小さくなると,図6.3(a)より,端部に集中していたひずみγが接合層の中央付近まで分布するようになり,また図6.3(b)より,最大せん断ひずみγ_{max}は増加してγ_0(式 (6.2.9) で定義される)に近づくことがわかる.したがってγ_0は接合層剛性比λが小さくなったとき(十分やわらかい接合材を用いた場合)のせん断ひずみの上限値と理解できる.

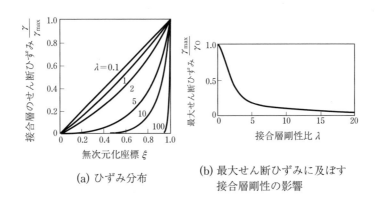

(a) ひずみ分布

(b) 最大せん断ひずみに及ぼす接合層剛性の影響

図6.3 接合層ひずみの発生挙動
ξは接合層中心を0,端部を1とした座標,
λは(接合層剛性/被接合部材剛性)$^{1/2}$

---

* 式 (6.2.3) ではコンプライアンスS(変形のしやすさを表すパラメータ:剛性の逆数)の比で表されている.

γ_0 の式 (6.2.9) より,ひずみを低減するためには,線膨張係数差 $(\alpha_L - \alpha_U)$,接合寸法 L を小さくすること,接合層厚さ h を大とすることなどが有効であることがわかる.

6.3 被接合部材の応力

上側の被接合部材に生じる x 軸方向の応力 σ_U は,基礎式より次のように導かれる.

$$\sigma_U = \sigma_{UO}[1 - \cosh(\lambda\xi)/\cosh(\lambda)] \tag{6.3.1}$$

ここに,σ_{UO} は,接合層を剛としていったときの σ_U の上限値であり,

$$\sigma_{UO} = E_U(\alpha_L - \alpha_U)\Delta\theta \cdot S_U/(S_U + S_L) \tag{6.3.2}$$

で計算できる.

下部材の剛性が上部材の剛性より十分大きいとき,上の式は簡単化できて

$$\sigma_{UO} = E_U(\alpha_L - \alpha_U)\Delta\theta \tag{6.3.3}$$

となる.

式 (6.3.1) を用いて計算した結果を図 6.4 に示す.この図より,応力 σ_U は中央 ($\xi = 0$) で最大となり,その値は接合層剛性比 λ を小さくする(やわらかい接合材料を用いる)ことにより,低減できることがわかる.

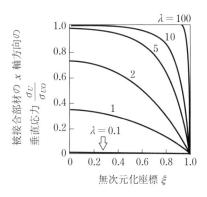

図 6.4 被接合部材の応力分布

6.4 接合体のたわみ

温度変化によって接合体にはたわみが生じる(図6.5).このたわみ$w_{\max}$は,

$$w_{\max} = w_0 \cdot f_1 \cdot f_2 \tag{6.4.1}$$

$$w_0 = \frac{L^2(\alpha_L - \alpha_U)\Delta\theta}{8(e_U + e_L)} \tag{6.4.2}$$

$$f_1 = 1/(1+\varpi) \tag{6.4.3}$$

$$f_2 = 1 - \{2\cosh(\lambda) - 2\}/\{\lambda^2 \cosh(\lambda)\} \tag{6.4.4}$$

$$\varpi = (D_U + D_L)(1/B_U + 1/B_L)/(e_U + e_L)^2 \tag{6.4.5}$$

となる.ここに,e_Uとe_Lは,接合層の中央($z=0$)から上下部材の中央までの距離(z座標の絶対値)である(図6.1参照).

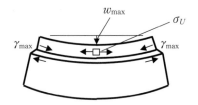

図6.5 異材接合構造に生じるたわみ$w_{\max}$

上記式 (6.4.1) より,たわみを小さくするには,w_0, f_1, f_2のいずれかを小さくすればよいことがわかる.w_0は,たわみの上限値と考えられるもので式(6.4.2) で表される.薄いもの同士を張り合わせたものはそりが大きくなることは式 (6.4.2) より理解できる.被接合部材の厚さが薄くなるとe_U, e_Lが小さくなるから,式 (6.4.2) よりw_0はどんどん大きくなる.たわみを小さくするには被接合部材を厚くすればよい.

f_1, f_2について,上の式を用いて計算した結果を図6.6に示す.f_1は被接合部材の剛性を表すパラメータϖの影響を表すものであり,図6.6(a)よりϖを大とすることにより,小さくできる.f_2は接合層剛性比λの影響を表すものであり,図6.6(b)よりλを小とすることにより,小さくできることがわかる.すなわち,やわらかい接合材を用いれば,そりは小さくできる.

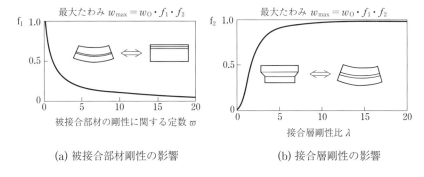

(a) 被接合部材剛性の影響　　(b) 接合層剛性の影響

図 6.6　最大たわみに及ぼす各部剛性の影響
ϖ と λ については本文参照

6.5　接合層の厚さ方向の垂直応力

接合層の厚さ方向の垂直応力 σ_z について考える．この応力はせん断遅れモデルだけでは厳密には計算できないが，この応力が問題となるのは，接合層の剛性が比較的大きく，応力が端部に集中して生じる場合であることを考慮して近似解を求める．すなわち，6.2 節で求めたせん断応力を負荷として，4.4 節で説明した弾性床上のはりの理論を用いて解くことにより，次の式が導かれる．

$$\sigma_z = \sigma_{z\max} \cdot \exp(-x_e/x_O) \cdot \cos(x_e/x_O) \tag{6.5.1}$$

ここに，σ_z は垂直応力，x_e は接合層端部からの距離，$\sigma_{z\max}$ は接合端部で生じる最大垂直応力，x_O は垂直応力の作用範囲寸法を表すもので，それぞれ

$$\sigma_{z\max} = (e_U/D_U - e_L/D_L) K x_O^3 \tau_{\max} \tag{6.5.2}$$
$$x_O = \{4/[K(1/D_U + 1/D_L)]\}^{1/4} \tag{6.5.3}$$

ここで，$\tau_{\max}$ は接合層に生じる最大せん断応力であり，6.2 節で求めた最大せん断ひずみに横弾性係数を掛けて求められる．K は接合層の厚さ方向の変形に対するバネ定数であり，

$$K = (1 - \beta) E/h \tag{6.5.4}$$

ここに，β, h, E は，接合層のボイド面積率，厚さ，厚さ方向のヤング率である．

下部材の剛性が上部材の剛性より十分大きいときには，式 (6.5.2)，(6.5.3) は簡単化できて

$$\sigma_{z\max} = [3(1-\beta)EH_U/(E_U h)]^{1/4} \tau_{\max} \tag{6.5.5}$$
$$x_0 = \{E_U H_U^3 h/[3(1-\beta)E]\}^{1/4} \tag{6.5.6}$$

ここに，E_U と H_U は上部材のヤング率と厚さである．

式 (6.5.1) より，垂直応力は主に端部から x_0 の距離の間に生じることがわかる．また，式 (6.5.5) より，最大垂直応力を低減するためには，接合層のヤング率 E と被接合部材の厚さ H_U を小さくすること，そして接合層厚さ h を厚くすることが有効であることがわかる．また，式 (6.5.2) によれば，式の中の $(e_U/D_U - e_L/D_L)$ の項を 0 とするような，適当な上下部材の剛性比を選べば，この応力が 0 になるのは興味深い．

6.6　接合層剛性が高い場合の補正

接合材料に固い材料を用いる場合について考える．この場合，せん断おくれ理論により計算した接合層の応力は，実際より大きな値となりやすい．この原因は，本モデルではせん断ひずみと垂直ひずみ（z 軸方向のひずみ）を生じるのが接合層だけであると仮定しているのに対して，接合材料が固い場合，被接合部材のひずみも無視できなくなるためである．この影響を考慮した補正としては，接合層のヤング率と横弾性係数 E と G の値として，次の式で計算される相当ヤング率 E_{eq} と相当横弾性係数 G_{eq} の値を用いることが考えられる．

$$h/E_{eq} = h/E + H_U/(2E_U) + H_U/(2E_L) \tag{6.6.1}$$
$$h/G_{eq} = h/G + H_U/(2G_U) + H_U/(2G_L) \tag{6.6.2}$$

ここに，G_U と G_L は上部材と下部材の横弾性係数である．この式を用いれば，接合層厚さ h が 0 の直接接合の場合についても，計算ができる．

ただし，せん断遅れモデルは，本来，接合層がやわらかい場合によく成り立つモデルであり，固い接合の場合は精度が低下するので注意が必要である．もっとも，固い接合の場合であっても，応力発生メカニズムを理解し，応力低減の方向付けを得るためには，有効なモデルであると言える．

6.7 板構造への拡張

ここまでは，上下部材をはりとして検討を進めてきたが，ここでは板の場合について考える．図6.7のような板を接合した構造は，電子装置の中の半導体チップと基板の接合部分などでよく用いられる構造である．このような構造に対しても，前記の式を近似的に適用できる．板の一辺の方向を x，もう一辺の方向を y とした場合，x 方向

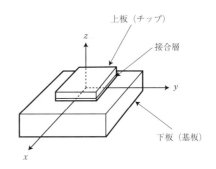

図6.7 異材接合構造の板モデル

のひずみと y 方向のひずみをそれぞれ前記の式を用いて計算し，これを重ね合わせればよい．ただし，このとき被接合部材には，x と y の二方向に応力が生じるので，見かけ上剛性が増加する．この効果を考慮するためには，上下部材のヤング率として，E_U, E_L のかわりにそれぞれ $E_U/(1-\nu_U)$，$E_L/(1-\nu_L)$ を用いて計算を行えばよい．ここに，ν_U と ν_L は，それぞれ上下部材のポアソン比である．

事例6.1　接合材料変更がチップ応力に及ぼす影響の概算

ここでは，シリコンチップ上面に生じる応力を例にとって，これに及ぼす接合材料の影響を概算してみよう．基板を剛体とすれば，ひずみ分布支配パラメータ λ の式は，式 (6.2.12) である．この式で，上で述べた板構造の補正を行なうと，

$$\lambda = [(1-\beta)G(1-\nu_U)L^2/(4E_U H_U h)]^{1/2} \qquad (6.7.1)$$

計算例として，$\beta=0$, $\nu_U=0.07$, $L=5\,\text{mm}$, $E_U=170\,\text{GPa}$, $H_U=0.2\,\text{mm}$, $h=0.03\,\text{mm}$ の場合を考えると，$\lambda=(5.7G)^{1/2}$（ここで G の単位は GPa）となる．

シリコーンゴム接着剤を用いた場合，横弾性係数 G は 0.0003 GPa 程度だから，$\lambda=0.04$ 程度となる．この場合，図6.4より，チップ応力を非常

に小さくできることがわかる．チップと基板の熱膨張差のほとんどが，接着剤の変形で吸収されている状態である．次に，エポキシ接着剤の場合，$G = 1\,\text{GPa}$のオーダーだから，$\lambda = 1$のオーダーであり，図6.4より，熱膨張差が部分的にチップに加わる状態となる．硬ろう接合やガラス接合やアノーデイックボンディングのように，非常に剛な接合の場合は，せん断剛性にチップ自身の剛性が効いてくるので，式(6.6.2)を用いて接合層の相当横弾性係数G_{eq}を求める．この式で第二項以外を0として，G_Uの値として，式(3.6.14) (P.43)を用いて計算した値を代入すると，$G_{eq} = 24\,\text{GPa}$．これを上の式に代入すると$\lambda = 12$程度であり，図6.4からわかるように，端部以外では，熱膨張差のほとんどがチップの水平方向のひずみとして吸収された場合の応力の上限値σ_{UO}に近くなる．

はんだの場合は，降伏やクリープを生じるので，本章の弾性解析の式では，厳密には計算できないが，見かけの弾性係数を考えることにより，近似計算は可能である．詳細は7章で述べるが，結果は温度，保持時間により大きく変化する．通常の熱サイクル条件では，はんだ層のひずみ吸収が，かなり支配的な状態となる場合が多い．

6.8 接合構造のさらに詳細な解析

接合構造の応力について，さらに詳細に検討を進める方向として，次の5点が挙げられる．
(1) 塑性・クリープの考慮
(2) 熱サイクルによる接合層中き裂進展挙動の考慮
(3) 接合端部の特異性の考慮
(4) 材料のミクロな構造の考慮
(5) 界面の原子レベルの結合信頼性の考慮

上記(1)については，次章で詳しく説明する．

上記(2)に関しては，8.5節で述べる．

上記(3)について，次に簡単に説明する．異種材料の端部では（き裂がなくても），厳密な（連続体）弾性解析を行うと，応力の特異場が生じることが知

られている[3]. 一つの例（5mm 角で厚さ 0.2mm のシリコンチップをアルミナ基板に接合した構造）について FEM 解析を行った結果を図 6.8 に示す. 図には, 接合層（厚さ 50μm）の端部近傍の局所（端部から 100μm の領域）について, 接合層の上側部材との界面付近（界面から 1.75μm）のひずみと接合層の中央付近（界面から 17.5μm）のひずみについて示してある.

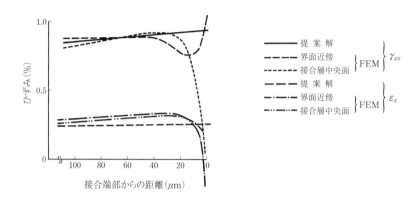

図 6.8　異材接合端部の特異性
サイズ 5mm の接合層の端部から 100μm の部分を
取り出して, ひずみ分布を示している

図6.8 より, 界面付近のひずみ分布は端部近傍で特異場的な挙動を示していること, またこの局所ひずみが生じている領域は, 端部から 20μm 以内の領域であることがわかる. これより端部からはなれた領域では, 界面ひずみと中央ひずみの差はほとんどなくなり, またせん断遅れモデルの解（提案解）ともよく一致していることがわかる.

このような局所ひずみが強度に及ぼす影響は材料によって異なる. 前に述べたように, 脆性的な材料においては, 局所の応力が大きく影響する. 一方, 延性的な材料においては, ある程度大きな領域の平均的なひずみが重要となると考えられる.

上記(4)については, 例えば通常の金属材料は, 方位の異なる結晶粒が多数集合した多結晶構造を有しており, これらの結晶粒の平均的な性質としてバル

クの性質が生じてくる．しかし，構造体の寸法がマイクロ化するとともに，結晶粒と構造体の寸法が近くなるため，こうした材料のミクロな構造が大きく影響してくることも考えられる．一例としてSn-40Pbはんだの接合層の材料組織の写真を図6.9に示す．接合層の厚さにかなり近い組織寸法となっていることが見て取れる．こうした組織の影響の解析は今後解明すべき課題の一つであると言える．個々の結晶粒がもつ性質の特徴である結晶異方性の考え方については，8.1節で説明する．

上記(5)の界面の原子レベルの結合信頼性の問題に関しては，詳述されている本[4]があるので，参考とされたい．

以上の纏めとして，各種モデルの関係を整理して，図6.10に示す．原理上，図で包含されているモデルは，包含している上位モデルの近似として導かれるべきであることを示している．しかし，実際の計算にあたっては，すべてを最も厳密なモデルで計算することはできない．設計上必要な情報に応じて，それに適したモデルを用いるのが有効である．

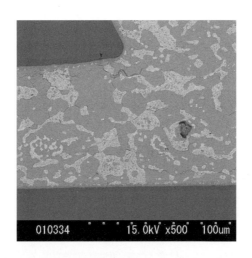

図6.9 材料のミクロな構造の例
40Pb-60Snはんだ接合層の材料組織の例，組織中の明るい部分がPbリッチ相，暗い部分がSnリッチ相
（写真提供：土居博昭）

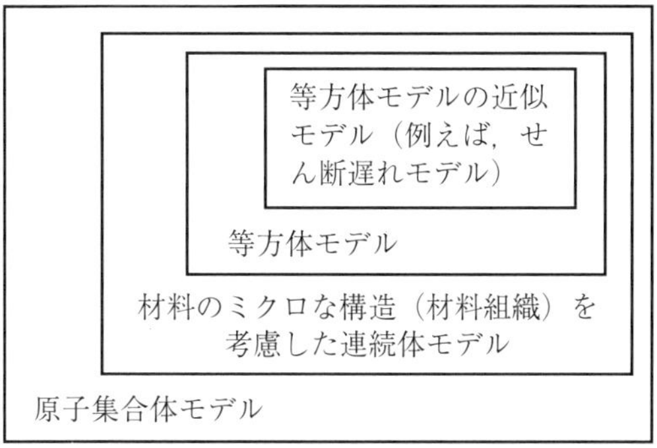

```
┌─────────────────────────────────────────┐
│  ┌───────────────────────────────────┐  │
│  │  ┌─────────────────────────────┐  │  │
│  │  │   等方体モデルの近似          │  │  │
│  │  │   モデル（例えば，せ          │  │  │
│  │  │   ん断遅れモデル）            │  │  │
│  │  ├─────────────────────────────┤  │  │
│  │  │   等方体モデル                │  │  │
│  │  ├─────────────────────────────┘  │  │
│  │   材料のミクロな構造（材料組織）を   │  │
│  │   考慮した連続体モデル              │  │
│  ├───────────────────────────────────┘  │
│   原子集合体モデル                        │
└─────────────────────────────────────────┘
```

図 6.10　各種モデルの関係
　　　　包含されているモデルはこれを包含している上位モデル
　　　　の近似として導かれるべきことを示している．

第 6 章　問題

[問 6.1]　シリコンチップと基板の接合構造において，接合材料の選択が接合構造のそりと接合層ひずみに及ぼす影響について，事例 6.1 にならって，説明せよ．

[問 6.2]　異材の熱膨張差によって，その接合層に生じる最大せん断ひずみの接合サイズ依存性について考える．ひずみは，接合層のサイズが小さいときは，接合サイズの増加に比例して増加するが，接合サイズがある程度大きくなると，それ以上接合サイズを増加しても変化しなくなる．これを，6.2 節の式を基に示せ．

[問 6.3]　異材の熱膨張差によって，その接合層の端部に生じる垂直応力のせん断応力に対する比率は，接合層の剛性が小さいと小さくなることを，6.5 節の式を基に示せ．また，そのメカニズムを定性的に説明せよ．

[問 6.4]　シリコンチップを基板に硬い接合材で接合した構造では，クラックがチップ下面の端部から内側のチップ上面へ向けて斜め方向に生じる場合がある．このき裂の角度と接合層の剛性の関係について，上記問 6.3 の

応力比率と関連させて，述べよ．

[**問 6.5**] 異種材料界面端部の応力特異場の性質について調査せよ．

第7章
温度履歴と熱弾塑性クリープ挙動

第7章　温度履歴と熱弾塑性クリープ挙動

　各種装置が高温や低温にさらされると，装置には熱応力が生じる．熱応力がある程度大きくなると，塑性およびクリープ変形を生じる．塑性およびクリープ変形に起因して様々な問題（例えば熱応力の繰り返しによる疲労（熱疲労）など）が生じてくる．設計上は，応力を低減して，塑性・クリープが生じないようにすることが理想であるが，これが実際上不可能な場合も多い．そこで，塑性・クリープ変形を許容しつつ，装置の使用期間内では，装置の機能を果たすことができるように設計することが必要となる．こうした設計のためには，熱応力の発生挙動を理解し，コントロールすることが重要である．

　装置が，製造，保管，使用時に受ける温度変化パターン（すなわち温度履歴）は複雑なものとなる場合が多い．さらに塑性およびクリープのような非線形材料挙動が加わることにより，応力は複雑な発生挙動を示すようになる．この挙動の性質を把握するため，単純なモデル*から話を進める．

7.1　弾性体の場合の温度履歴にともなう挙動

　図7.1(a)の構造に図7.1(b)のような温度履歴が加わった場合を考える．すなわち，高温 θ_0 で各部材が結合された後，低温 θ_{min} と高温 θ_{max} の間で温度上昇下降のサイクル（熱サイクルまたは温度サイクルと呼ぶ）が繰り返される．各種装置では，高温で接合材を硬化させることにより各種部品が結合され，その後の製造プロセスや使用時に温度サイクルを受けるので，基本的には，ここで

---

* ここでは棒1と棒2を直列に結合したものを剛体3で拘束した単純な構造（図7.1(a)）を中心に考える．ただし，複雑構造を有する実際の装置構造においても，評価の対象とする部分（塑性変形やクリープ変形を生じる部分：棒1に対応）とそのまわりの弾性変形を行い対象部分に力を及ぼしている部分（棒2に対応）と熱膨張差の発生原因となる部分（剛体3に対応）に分けて考えれば，近似的にはこのモデルが適用できる場合が多い．

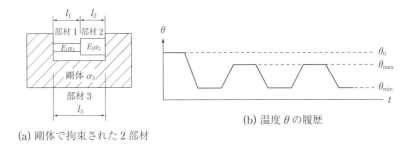

(a) 剛体で拘束された2部材

(b) 温度 θ の履歴

図7.1　温度履歴のモデル

示したような温度履歴を受けることになる場合が多い．

まず，ここでは構成材料は図7.2(a)に示すように応力とひずみが比例する線形弾性挙動を示すものと仮定する．

結合温度 θ_0 からある任意の温度 θ に温度を下げたときの部材1の応力 σ の式は，応力－ひずみ関係と力の釣り合いと変位の適合の条件から，ただちに次のように導かれる．

$$\sigma = E_1[S_1/(S_1+S_2)]\cdot[(l_3\alpha_3 - l_2\alpha_2 - l_1\alpha_1)\cdot(\theta-\theta_0)/l_1] \quad (7.1.1)$$

ここに，E_i, l_i, α_i は，部材 i のヤング率，長さ，線膨張係数，断面積である．S_i は部材 i のコンプライアンス（やわさ：変形のしやすさを表す）であり，伸縮変形をする棒の場合

$$S_i = l_i/(E_i A_i) \quad (7.1.2)$$

ここに，l_i, E_i, A_i は，部材 i の長さ，ヤング率，断面積である．

この式を基に応力変化挙動の図を描くと図7.2(b)のようになる．すなわち，結合温度 θ_0 で応力0で，ここから温度 θ を下げると応力は直線的に変化する．温度が $\theta_{\min}$ と $\theta_{\max}$ の間で上昇下降を繰り返すとき，応力はこの図の直線上を行ったり来たりすることになる．なお，この図では応力は負になるとしているが，各部材の線膨張係数の組み合わせによって，応力が正となる場合もあることは言うまでもない．

温度履歴にともなう応力とひずみの変化を，縦軸に応力，横軸にひずみを

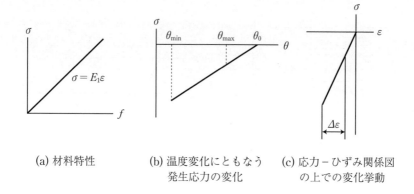

(a) 材料特性　　(b) 温度変化にともなう　(c) 応力−ひずみ関係図
　　　　　　　　　　発生応力の変化　　　　　の上での変化挙動

図7.2　弾性体の場合の応力発生挙動

取った図の上で表せば，図7.2(c)のようになる．応力−ひずみ関係として直線を仮定したから，各時点での応力とひずみを表す点も当然この直線上を変化する．部材の結合時に原点にあり，温度低下とともに，左下に移動し，温度サイクルにより，この直線の上を行ったり来たりする．

この温度サイクルが繰り返されたときのひずみの変化幅すなわちひずみ範囲 $\Delta\varepsilon$ は

$$\Delta\varepsilon = [S_1/(S_1 + S_2)]\Delta\varepsilon_0 \tag{7.1.3}$$

ここに，$\Delta\varepsilon_0$ は熱膨張差がすべて部材1で吸収されるとしたときに部材1に生じるひずみ範囲であり，

$$\Delta\varepsilon_0 = |(l_3\alpha_3 - l_2\alpha_2 - l_1\alpha_1)(\theta_{\max} - \theta_{\min})/l_1| \tag{7.1.4}$$

で表される．

7.2　弾完全塑性体の場合の挙動

上に述べたのと同じ問題（図7.1参照）を，弾性変形に加えて塑性変形も生じる場合について考える．ここでは，応力変化挙動の特徴を明確にするため，部材1の材料が図7.3(a)のような応力−ひずみ特性を有する弾完全塑性体であ

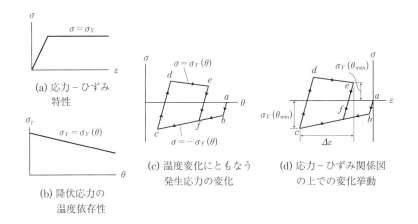

図 7.3　弾完全塑性体の場合の応力発生挙動

る場合について検討する．降伏応力 σ_Y は，図 7.3(b) に示すような温度依存性を有しており，σ_Y の値は温度が低くなるほど大きくなるものとする．

　この時，応力の変化挙動は図 7.3(c) に示すようになる．まず，結合温度において応力は 0 で図の中の a 点にある．温度低下の初期は弾性解析の場合（図 7.2(b)）と同様に応力が変化していく．温度低下が大きくなり，応力が降伏応力に達すると図 7.3(c) の b 点に示すように，挙動は折れ曲がりを生じる．発生応力は降伏応力を越えることはないからである．さらに温度が低下するとともに，応力は線 b–c に示すように（絶対値として）徐々に増加する．材料の降伏応力が，低温ほど大きくなる（図 7.3(b) 参照）ためである．次に最低温度（図 7.3(c) の点 c）から温度が上昇に転じると，まず最低温度で発生していた応力が開放され，さらに反対符号の応力が生じ，その応力が降伏応力に達するまで，弾性変形が生じることになる（線 c–d）．降伏応力に達した後は，降伏応力の温度依存性を示す線 d–e 上を変化する．次に最高温度（点 e）から温度を下げると，再び弾性変形が生じ，f 点でまた降伏が生じる．温度サイクルが繰り返されると，ループ c–d–e–f–c が繰り返されることになる．

　挙動を縦軸を応力，横軸をひずみに取った図の上で表すと，図 7.2(c) と似た形の図 7.3(d) が得られる．この図の中に示す $\Delta\varepsilon$ は，温度サイクルにおけるひ

ずみ変化の幅，すなわちひずみ範囲であり，熱疲労破壊寿命を支配する主因子である．この $\Delta\varepsilon$ は次の式のようになる．

$$\Delta\varepsilon = \Delta\varepsilon_0 - (S_2 A_1 / l_1) \cdot [\sigma_Y(\theta_{\min}) + \sigma_Y(\theta_{\max})] \qquad (7.2.1)$$

ここに，$\sigma_Y(\theta_{\min})$ と $\sigma_Y(\theta_{\max})$ は最低温度と最高温度における部材1の降伏応力である．この式で重要なのは，温度サイクルの最低温度と最高温度における降伏応力 $\sigma_Y(\theta_{\min})$ と $\sigma_Y(\theta_{\max})$ が足し算できいてきて，その他の温度における降伏応力は影響しないことである．

この足し算の入っている式（7.2.1）の第2項は，熱膨張差のうちで部材1以外の部分の弾性変形として吸収される部分を表している．この第2項の値が大きくなるとひずみ範囲 $\Delta\varepsilon$ は小さくなる．この第2項の値が逆に小さくなれば $\Delta\varepsilon$ は大きくなり，ついには $\Delta\varepsilon$ は第1項すなわち $\Delta\varepsilon_0$（熱膨張差がすべて部材1で吸収されるとしたときのひずみ範囲：式（7.1.4）参照）にほぼ等しくなる．

7.3 弾塑性クリープ特性を示す材料の場合の挙動

熱応力解析においては，構成材料の応力－ひずみ関係式をどのように設定するかが，計算結果の精度に大きく影響する．前述の図7.3(d)の挙動を考える上では，弾完全塑性特性（図7.3(a)）を仮定した．弾完全塑性特性においては，流動応力（降伏を生じた後の各時点における応力：図7.3(a)の σ_Y）は基本的には温度のみの関数としている．実材料では，流動応力は，この温度依存性に加えて，ひずみ依存性，時間依存性を示す．ひずみ依存性によって生じる代表的な挙動がひずみの増加にともない流動応力が増加する挙動，すなわち加工硬化挙動であり，時間依存性によって生じる代表的な挙動が応力印加状態で時間とともにひずみが増加する挙動，すなわちクリープ挙動である．これらを考慮できる関係式が各種提案されているが，これらの中で比較的シンプルで，かつ現象をかなりよく表わせる関係式として，次の式がある．

$$\varepsilon = \varepsilon_e + \varepsilon_p + \varepsilon_c \qquad (7.3.1)$$
$$\varepsilon_e = \sigma / E \qquad (7.3.2)$$

$$\varepsilon_p = (\sigma/\sigma_p)^n \tag{7.3.3}$$

$$d\varepsilon_c/dt = (\sigma/\sigma_c)^m \tag{7.3.4}$$

ここに，ε は全ひずみ，ε_e は弾性ひずみ，ε_p は塑性ひずみ，ε_c はクリープひずみ，σ は応力，t は時間である．E, σ_p, n, σ_c と m は材料定数であり，材料試験により温度の関数として求めておく．

式 (7.3.1) から (7.3.4) で表わされる応力－ひずみ特性を持つ材料の場合，前述の弾完全塑性体の場合の図 7.3(d) に示した挙動がどのように変化するかを求めると，図 7.4(b) のようになる．まず，前の図 7.3(d) の b, d, f 点で見られた降伏時の角張った折れ曲がりが，今回の図 7.4(b) ではなめらかな折れ曲がりとなる．これは，式 (7.3.3) に示すような流動応力のひずみ依存性のためである．また，温度低下後の保持時間中に，前の図 7.3(d) ではいくら時間が経過しても c に止まって変化しないのに対して，今回の図 7.4(b) では $c \to c'$ に示すように，時間の経過とともに応力とひずみの変化が生じることになる．温度上昇後の保持時間中にも $e \to e'$ に示すような変化が生じる．両変化とも，温度サイクルによるヒステリシスループの形で考えると，応力が 0 に近づき，ひずみ振幅が増加する方向の変化である．

図 7.4(b) の $e \to e'$ の応力の減少とひずみの増加に例をとって，そのメカニズ

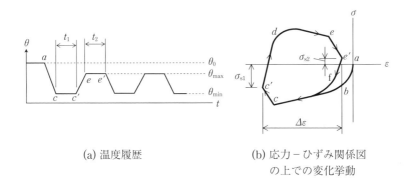

(a) 温度履歴 (b) 応力－ひずみ関係図の上での変化挙動

図 7.4　弾塑性クリープ材料の場合の応力発生挙動
最高温度と最低温度での保持 $c \to c'$ と $e \to e'$ により，ひずみ範囲 $\Delta\varepsilon$ が増加

ムを考える.応力の減少(緩和)については,対象部材(図7.1(a)の部材1)の材料特性としての応力緩和挙動の直接的な結果として理解できる.ひずみの増加については,構造因子との組合せにより理解できる.すなわち,対象部分の応力が低下することにより,そのまわりの弾性状態にある部分(部材2)の応力も低下し,そのため弾性状態部分(部材2)の弾性変形が小さくなる.この結果として全体の膨張差(部材1+部材2と部材3との膨張差)のうちで,対象部分(部材1)のひずみとして吸収される部分が大きくなることになる.

7.4 ひずみ範囲の簡便な計算法

ひずみ範囲の定量的な計算法としては,7.3節の式(7.3.1)から式(7.3.4)を直接用いて数値計算することも行われている[2]が,こうしたクリープを直接に考慮した計算は,構造が複雑になると多大な計算を要する.より簡便な方法があれば便利である.強度設計上重要な疲労について考えると,主因子はひずみ範囲$\Delta \varepsilon$である.$\Delta \varepsilon$は,低温および高温での保持による最終的な応力である図7.4(b)に示すσ_{S1}とσ_{S2}によって決まってくる.これらの応力の近似値を見かけの降伏応力として求めておいて,これを用いて弾塑性解析を行うことにより,クリープの影響を近似的に考慮した$\Delta \varepsilon$の計算が可能である.例えば前記の図7.1(a)のような構造については,7.2節の式(7.2.1)の$\sigma_Y(\theta_{\min})$と$\sigma_Y(\theta_{\max})$に見かけの降伏応力σ_{S1}とσ_{S2}の値を代入することにより,$\Delta \varepsilon$を計算できる.

この見かけの降伏応力を簡便に近似計算する方法が提案されている.一つの方法としては,次の式を解いて求めたσを見かけの降伏応力として用いることが提案されている[3].

$$(\sigma/\sigma_p)^n + (\sigma/\sigma_c)^m \cdot t = \Delta \varepsilon_S \qquad (7.4.1)$$

ここに,$\Delta \varepsilon_S$は非弾性ひずみ範囲(全ひずみ範囲から弾性成分を除いたもの)の基準値である.t, σ_p, n, σ_cとmは前記の7.3節の式(7.3.1)~(7.3.4)におけるものと同じ定義であり,これらの値として熱サイクルの最低温度における値を用いて求めたσがσ_{S1},最高温度における値を用いて求めたσがσ_{S2}とな

る．この見かけの降伏応力を評価し，これを用いて熱疲労寿命評価を行い，妥当な結果を得た例が報告されている[3, 4]．

さらに簡便に，弾塑性クリープを考慮したひずみ範囲 $\Delta\varepsilon$ を，近似的に求める方法として，ヤング率 E を計算上，見かけのヤング率 E_{eq}

$$E_{eq} = (\sigma_{S1} + \sigma_{S2})/\Delta\varepsilon_a \tag{7.4.2}$$

に下げて，弾性解析を行う方法が考えられる．ここに，σ_{S1} と σ_{S2} は上で述べた熱サイクルの低温保持時と高温保持時の見掛けの降伏応力である．$\Delta\varepsilon_a$ はひずみ範囲の推定値であるが，許容ひずみ範囲を用いることも考えられる．

弾性変形を行う部分の中にある，弾塑性クリープ挙動を行う部分の平均ひずみを評価対象とする場合[*1]，この方法で計算されたひずみ範囲 $\Delta\varepsilon$ が上記 E_{eq} の設定に用いた $\Delta\varepsilon_a$ より小さいならば，これはシビアサイドの評価となっていると考えられる．この場合，計算に用いられる対象部分の剛性は実際の応力－ひずみ挙動を用いた場合の剛性より小さくなり，このため計算されたひずみの方が実際に発生するひずみより大きくなるためである．ただし，これは対象部分の平均ひずみ[*2] に関する話であり，ひずみ分布によるひずみ集中がある場合は，その集中ひずみは，より大きな値となる可能性がある．

[*1] 例えば，チップと基板をはんだで接合した構造における，はんだの平均ひずみを評価する場合．
[*2] 例えば，上記はんだ接合層の場合は，はんだ層の厚さ方向の平均．

事例7.1　はんだの弾塑性クリープ挙動を考慮した応力－ひずみ関係式と見かけの降伏応力

事例として，95Pb-5Sn はんだ（これは半導体チップの接合によく用いられる材料である）について示す[2]．応力－ひずみ挙動の測定結果を 7.3 節の式（7.3.1）から式（7.3.4）の形で表すと（ここではせん断ひずみ γ とせん断応力 τ の関係で示してある），

$$\gamma = \gamma_e + \gamma_p + \gamma_c \tag{7.4.3}$$

$$\gamma_e = \tau/G \tag{7.4.4}$$

$$\gamma_p = (\tau/\tau_p)^n \tag{7.4.5}$$

$$d\gamma_c/dt = K(\tau/\tau_c)^m \tag{7.4.6}$$

ここに，

$$G = 7240 - 18.3\theta \,[\text{MPa}] \tag{7.4.7}$$
$$\tau_p = 30.6 - 0.145\theta \,[\text{MPa}] \tag{7.4.8}$$
$$n = 6.24 + 0.0156\theta \tag{7.4.9}$$
$$K = 812 \exp[-4656/(\theta + 273)] \,[1/s] \tag{7.4.10}$$
$$\tau_c = 13.91 \,[\text{MPa}] \tag{7.4.11}$$
$$m = 0.957 \exp[603/(\theta + 273)] \tag{7.4.12}$$

ここに，θは℃で表した温度である．

　上の式の値を式（7.4.1）に代入して見かけの降伏応力を求めると図 **7.5** のようになる．図 7.5 より，高温で長時間保持することにより，見かけの降伏応力は非常に小さくなることがわかる．

　図 7.5 の結果を用いた具体的な構造体のひずみ計算例を章末の問題の問 7.3 に示しておく．

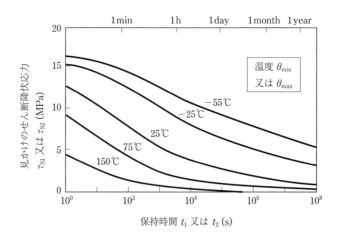

図 **7.5**　熱弾塑性クリープ挙動を近似的に考慮するための見かけの降伏応力

材料：95Pb-5Sn，ひずみ範囲基準値 $\Delta\gamma_s = 1\%$ の場合

7.5 半導体チップ接合構造の熱弾塑性クリープ挙動

熱弾塑性クリープ挙動の具体例として，半導体チップ（Si）を銅基板（Cu）にはんだで接合した構造における応力発生挙動の例を図7.6に示す[2]．

まず，各部品を重ね，温度を上げ，はんだを溶かして，チップと基板を接合する（図中①→②）．Cuの線膨張係数はSiより大きいので，Cu基板がチップよりよけいに伸びた状態で，両者は接合される．

接合後常温まで温度を下げると，基板が元の長さに収縮するのに引きずられて，チップは元の長さより短く圧縮される（②→③）．このとき，チップと基板は，はんだを介して互いに力を及ぼし合っており，チップには圧縮応力が生じ，基板には引張り応力が生じ，全体として釣り合っている．さらに常温で長時間放置すると，はんだ層のずれ変形が徐々に進行すること（クリープ挙動）によって，チップは徐々に元の長さに戻り，チップの圧縮応力も小さくなる（③→④）．

次に，再び温度を上げると，チップは基板の熱膨張に引きずられて，今度は

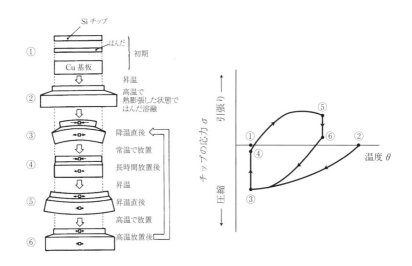

図7.6 半導体チップと基板の接合構造の熱弾塑性クリープ挙動
複雑に変化する応力が，チップのき裂や電気特性のドリフトなどの原因となる．
図ではわかりやすくするため，チップと基板の最初の大きさを同一にしてある．

自由に熱膨張した場合よりも引き伸ばされ，引張り応力が生じる（④→⑤）．温度上昇の初期では，チップの応力は，温度変化に比例して増加する（線形弾性挙動）．しかし，ある温度に達すると飽和傾向を示し，さらに温度を上げると応力が逆に減少するようになる．これはチップを接合しているはんだが，温度上昇とともに変形しやすくなり，チップと基板の熱膨張差がはんだ層のずれ変形として吸収されるようになるためである（はんだの塑性挙動）．

次に，高温で保持すると，はんだのクリープ挙動により，チップの長さは徐々に自由に熱膨張した場合の長さに近づき，チップの引張り応力は小さくなる（⑤→⑥）．この状態から温度を下げると，再びチップに圧縮応力が生じる（⑥→③）．さらに温度の上昇・下降（熱サイクル）を繰返すと，この過程（③→④→⑤→⑥→③）が繰返される．

このような挙動により，次のことが問題となる．

(1) 熱変形

　熱変形が生じるのは②→③の過程であり，熱変形が大きくなるのは③の段階である．このときの反りが問題となる場合が多い．

(2) チップのクラック

　チップのクラックの原因となる応力は，引張り応力である．特に④→⑤の過程でチップに生じる応力が最も大きい．Siのような脆性材料は引張りに弱いためである．脆性破壊については，5章で説明した．

(3) 熱サイクル寿命

　熱サイクル寿命（熱サイクルにより接合層の疲労き裂が進展し破壊に至るまでの寿命）を決める主な因子は，熱サイクル（③→④→⑤→⑥→③）により接合層に生じる局所的な変形（ひずみ）の変化幅である．はんだの疲労き裂進展挙動については，8.5節で説明する．

(4) 電気特性変化

　電気特性変化は，③→④→⑤→⑥→③の過程でチップにかかる応力の変化が原因となる場合がある．その結果，温度サイクルによる特性値のシフトや長時間放置による特性のドリフトが生じる．これは，Siに，応力によって電気抵抗が変化するというピエゾ抵抗効果があるためである．ピエゾ抵抗効果については，8.2節で説明する．

第7章 問題

[問7.1] シリコンチップを熱膨張係数の大きな剛な基板に接合した構造に，温度サイクルが加わったとき，チップにクラックが生じる場合がある．クラックは，温度の上昇過程で生じる場合と，下降過程で生じる場合の，両方が考えられる．接合材がやわらかい材料の場合と固い材料の場合に，それぞれどちらの過程でクラックが生じやすいか．また，クラックの発生するチップの中の位置と角度は，それぞれの場合に，どのようになると推定されるか．

【ヒント】シリコンは引張りに弱いため，引張り応力が大きくなる位置で，引張り応力と直行する面で割れると考える．この応力をせん断おくれの理論と接合層の弾塑性挙動を考慮して考える．

[問7.2] 半導体センサに温度サイクルを加えた場合に，高温に上げた後で常温に戻したときと，低温に下げた後で，常温に戻したときで，同じ常温であっても，特性にずれが生じる場合があり，このずれ量は温度ヒステリシスと呼ばれる．温度ヒステリシスの低減は，センサ精度向上のための重要な課題となる．温度ヒステリシスの原因として，センサチップとその基板との接合構造における接合材の塑性変形とクリープ変形によってセンサチップに生じる応力にヒステリシスが生じ，これがピエゾ抵抗効果により特性を変化させることが考えられる．このヒステリシスを低減するための方法を考え，リストアップせよ．

[問7.3] 半導体チップをはんだで接合した構造に，25℃と75℃の間の温度サイクルが加わったときの，はんだ接合層に生じるひずみ範囲を，温度サイクルの周期が1分と1時間と1日の場合について概算し，比較せよ．ただし，高温と低温の保持時間は等しく周期の半分ずつとする．また，チップはシリコンで$5\times5\times0.2$mm，はんだは95Pb-5Snで厚さ0.03mm，ボイド面積率は0，基板はアルミナで，計算上は剛体とする．アルミナの線膨張係数が7×10^{-6}K^{-1}，シリコンの線膨張係数は3×10^{-6}K^{-1}，ヤング率は170GPa，ポアソン比0.07とする．

【ヒント】次の手順で計算．まず，図7.5より τ_{S1} と τ_{S2} を求める．これらの値を式 (7.4.2) に代入する．この式で σ のかわりに τ を用いるので E_{eq} のかわりに見かけの横弾性係数 G_{eq} が得られる．すなわち $G_{eq} = (\tau_{S1} + \tau_{S2})/\Delta\gamma_a$（ここでは，基準ひずみ $\Delta\gamma_a = 2\%$ として計算する）．この G_{eq} の値を用いて6.2節 (P.91) の式で計算することにより，せん断ひずみ範囲が概算できる．

[問7.4] 弾完全塑性体の場合のひずみ範囲の式 (7.2.1) を導出せよ．

【ヒント】部材1に加わる変形量は，全熱膨張差のうちで部材2の弾性変形で吸収される分を除いたものとなることを考慮して求める．部材2の弾性変形量は，部材1が完全に降伏した状態を考えれば，この降伏応力の値で決まってくる．

[問7.5] 弾塑性クリープ挙動を示す材料の場合の高温保持（図7.4の $e \to e'$）における応力の減少とひずみの増加を表す計算式を，図7.1(a)のモデルについて，応力－ひずみ関係式（式 (7.3.1)～(7.3.4)）を用いて導出せよ．

第8章
マイクロ構造体における材料力学上の主要課題

第8章 マイクロ構造体における材料力学上の主要課題

本章では，マイクロ構造体（電子デバイス・実装や，この技術をベースとしたマイクロマシンなど）の構造設計を行う上で重要となる問題のなかで，これまでの章で説明できなかった問題について説明する．

8.1 弾性係数の結晶異方性

結晶は，結晶構造（単位格子中の原子配置）に依存して方向によって異なる性質（結晶異方性）を示す．通常の金属材料は多結晶材料（結晶粒が多数集まった集合体）であり，さまざまな方向を向いた結晶の異方性が平均化された結果として，等方的な性質を示す．しかし，マイクロ構造体においては，構造の寸法と結晶粒の寸法が近くなるため，結晶異方性の影響が全体の挙動に影響してくる場合がある．特に半導体チップやマイクロマシンの材料として多用されるシリコン単結晶は，全体が一つの結晶でできた材料であり，正確には，異方性を考慮した解析が必要である．ここでは，機械的性質の基本となる弾性定数の異方性について，シリコン単結晶を例に説明する．

応力とひずみを関係付ける弾性定数（stiffness 又は elastic constant）c_{ij} は，一般的には21個となることを，3.5節で述べた．結晶の弾性定数を考えると，結晶構造の対称性によって，独立な成分はさらに少なくなる．立方晶系（単位格子が立方体の結晶）では，独立な成分は三つとなり，結晶軸方向に x, y, z 軸を取った場合，次のようになる [1]．

$$\begin{bmatrix} \sigma_x \\ \sigma_y \\ \sigma_z \\ \tau_{yz} \\ \tau_{zx} \\ \tau_{xy} \end{bmatrix} = \begin{bmatrix} c_{11} & c_{12} & c_{12} & 0 & 0 & 0 \\ c_{12} & c_{11} & c_{12} & 0 & 0 & 0 \\ c_{12} & c_{12} & c_{11} & 0 & 0 & 0 \\ 0 & 0 & 0 & c_{44} & 0 & 0 \\ 0 & 0 & 0 & 0 & c_{44} & 0 \\ 0 & 0 & 0 & 0 & 0 & c_{44} \end{bmatrix} \begin{bmatrix} \varepsilon_x \\ \varepsilon_y \\ \varepsilon_z \\ \gamma_{yz} \\ \gamma_{zx} \\ \gamma_{xy} \end{bmatrix} \quad (8.1.1)$$

ここで，次の式で定義される量 A を異方性因子（anisotropy factor）と呼ぶ．

$$A = 2c_{44}/(c_{11} - c_{12}) \tag{8.1.2}$$

A は，等方性材料では1となり，1からのずれの大きさが異方性の大きさを示す．代表的な元素についての A の値を表8.1に示す．表より，PbやCuはかなり大きな異方性を示すことがわかる*．

表8.1 立方晶結晶の弾性定数 c_{ij} と異方性因子 A とコーシー関係因子 B

元素	c_{11}	c_{12}	c_{44}	A	B
Ag	131	97.3	51.1	3.0	0.5
Al	114	61.9	31.6	1.2	0.5
Au	201	170	45.4	2.9	0.3
Co	304	154	74.7	1.0	0.5
Cr	391	89.6	103	0.7	1.1
Cu	176	125	81.8	3.2	0.7
Fe	243	138	122	2.3	0.9
Mo	477	155	111	0.7	0.7
Ni	261	151	132	2.4	0.9
Pb	55.5	45.4	19.4	3.8	0.4
Pd	234	176	71.2	2.5	0.4
Si	166	67.9	79.5	1.6	1.2
Ta	266	158	87.4	1.6	0.6
W	533	205	163	1.0	0.8

*1 $A = 2c_{44}/(c_{11} - c_{12})$：値が1から離れるほど異方性が強い．
*2 $B = c_{44}/c_{12}$：値が1から離れているものでは多体影響が強い．
*3 弾性定数 c_{ij} の単位は [GPa]

式（8.1.1）は次のように変形できる．

$$\varepsilon = S\sigma \tag{8.1.3}$$

ここに，

$$\varepsilon = \{\varepsilon_x,\ \varepsilon_y,\ \varepsilon_z,\ \gamma_{yz}/2,\ \gamma_{zx}/2,\ \gamma_{xy}/2\} \tag{8.1.4}$$

$$\boldsymbol{\sigma} = \{\sigma_x,\ \sigma_y,\ \sigma_z,\ \tau_{yz},\ \tau_{zx},\ \tau_{xy}\} \tag{8.1.5}$$

---

* 表8.1には，コーシー関係因子（Cauchy relation factor）B も示してある．これは原子間に作用する力が二体力（二つの原子の距離だけで大きさが決まる力）の場合に1となる因子であり，1からのずれが大きいものは多体力の影響が大きいことを示している．

$$S = \begin{bmatrix} s_{11} & s_{12} & s_{12} & 0 & \cdot & 0 \\ s_{12} & s_{11} & s_{12} & & & \cdot \\ s_{12} & s_{12} & s_{11} & & & \cdot \\ 0 & & & s_{44} & & \cdot \\ \cdot & & & & s_{44} & 0 \\ 0 & \cdot & \cdot & \cdot & 0 & s_{44} \end{bmatrix} \tag{8.1.6}$$

ここで，S の要素 s_{ij} を弾性率（compliance 又は elastic modulus）と呼ぶ．シリコン結晶の場合，$s_{11} = 7.56 \times 10^{-12}[1/\text{Pa}]$，$s_{12} = -2.14 \times 10^{-12}[1/\text{Pa}]$，$s_{44} = 6.28 \times 10^{-12}[1/\text{Pa}]$，である．

任意の方向の弾性率 S' は，結晶軸方向の弾性率 S を座標変換することによって得られる．すなわち，

$$S' = TST^{-1} \tag{8.1.7}$$

ここに，T は座標変換マトリクスであり，具体形は 3.4 節で示したように

$$T = \begin{bmatrix} l_1^2 & m_1^2 & n_1^2 & 2m_1n_1 & 2n_1l_1 & 2l_1m_1 \\ l_2^2 & m_2^2 & n_2^2 & 2m_2n_2 & 2n_2l_2 & 2l_2m_2 \\ l_3^2 & m_3^2 & n_3^2 & 2m_3n_3 & 2n_3l_3 & 2l_3m_3 \\ l_2l_3 & m_2m_3 & n_2n_3 & m_2n_3+m_3n_2 & n_2l_3+n_3l_2 & l_2m_3+l_3m_2 \\ l_3l_1 & m_3m_1 & n_3n_1 & m_3n_1+m_1n_3 & n_3l_1+n_1l_3 & l_3m_1+l_1m_3 \\ l_1l_2 & m_1m_2 & n_1n_2 & m_1n_2+m_2n_1 & n_1l_2+n_2l_1 & l_1m_2+l_2m_1 \end{bmatrix} \tag{8.1.8}$$

ここに，l_1, m_1, n_1 などは方向余弦である．ここで，3次元的な座標変換における方向余弦の簡便な計算法を示しておこう．座標軸を z 軸，y 軸，z 軸の順序で ϕ, θ, ψ だけ回転する場合を考える（図 8.1）．この回転角 ϕ, θ, ψ がオイラー角である．この場合，方向余弦は

$$\begin{bmatrix} l_1 & m_1 & n_1 \\ l_2 & m_2 & n_2 \\ l_3 & m_3 & n_3 \end{bmatrix} = \begin{bmatrix} c\phi \cdot c\theta \cdot c\psi & s\phi \cdot c\theta \cdot c\psi & -s\theta \cdot c\psi \\ -s\phi \cdot s\psi & +c\phi \cdot s\psi & \\ -c\phi \cdot c\theta \cdot s\psi & -s\phi \cdot c\theta \cdot s\psi & s\theta \cdot s\psi \\ -s\phi \cdot c\psi & +c\phi \cdot c\psi & \\ c\phi \cdot s\theta & s\phi \cdot s\theta & c\theta \end{bmatrix} \tag{8.1.9}$$

となる．ここに，$c\phi, s\psi$ などは $\cos\phi, \sin\psi$ などを表す．立方晶系の場合の代表的な結晶面，結晶方向についてのオイラー角を表 8.2 に示しておく．

表8.2 代表的な面方位への結晶軸からの回転角（deg）

$x'y'$面	x'方向[*1]	ϕ	θ	α[*2]
(001)	[100]	0	0	変化
(011)	[01$\bar{1}$]	90	45	変化
(111)	[11$\bar{2}$]	45	54.73561	変化
(112)	[11$\bar{1}$]	45	35.26439	変化

[*1] $\psi=0$のときのx'軸方向．
[*2] ψを変化させることにより，図8.2が得られる．

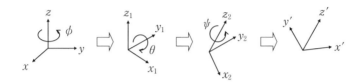

図8.1 座標軸の回転順序

ヤング率Eは，次式で求められる．

$$E = 1/s_{11}' \tag{8.1.10}$$

上式を用いて，シリコン結晶のヤング率の方位による変化を計算した結果を図8.2に示す．図より，方位により130から190 GPaの範囲で変化することが

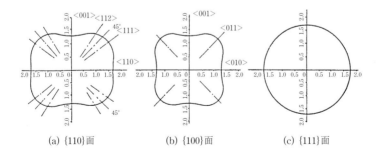

(a) {110}面　　(b) {100}面　　(c) {111}面

図8.2 シリコン単結晶の弾性定数の異方性
中心から曲線までの距離が各方向のヤング率 [$\times 10^{11}$ Pa] を示す．三つの代表的な結晶面について示してある．

わかる．通常のシリコンチップは，表面が{100}面で，辺が<110>方向である．このチップ辺方向の応力が重要となる場合が多いので，この方向のヤング率とポアソン比を求めると，170GPaと0.07となる．

図8.2で示したような弾性定数の異方性を考慮した正確な応力解析を行うことにより，高精度の圧力センサ（シリコンのマイクロファブリケーション技術を用いて作成したダイヤフラムにより圧力を検出する小型センサ）が開発されている[2]．

8.2 シリコンのピエゾ抵抗係数の異方性

電気抵抗が応力によって変化する現象をピエゾ抵抗効果と呼ぶ．シリコンは大きなピエゾ抵抗効果を示す．感度は普通の金属の約50倍である．この現象が，半導体デバイスの特性変動の原因となることがある．一方，この性質を活用して，高感度の力学量センサ[2]も開発されている*．

電気抵抗Rは次のように表される．

$$R = \rho \cdot L/A \tag{8.2.1}$$

ここに，ρは比抵抗，Lは抵抗の長さ，Aは断面積である．

金属線に引張り応力を加えたときの抵抗の増加は，金属線の寸法が伸ばされてLが大きくなること，そしてポアソン比の影響でAが小さくなることによって生じる．この原理はひずみ測定によく用いられる箔ひずみゲージに利用されている．

一方，シリコンでは，ひずみによる原子間隔の変化により，結晶中で電気を運ぶ電子のエネルギ状態が変化することによって，比抵抗ρそのものが変化する[4]．

ピエゾ抵抗効果は次式で表される．

---

* 光デバイスにおいては，応力による光学特性の変化も問題となる．光ファイバも応力により，特性が変化する．この特性変化を活用したセンサも提案されており，センサの最適設計に関する研究も行なわれている[3]．

$$\begin{bmatrix} E_x \\ E_y \\ E_z \end{bmatrix} = \begin{bmatrix} \rho_O + \rho_x & \Delta\rho_{xy} & \Delta\rho_{zx} \\ & \rho_O + \Delta\rho_y & \Delta\rho_{yz} \\ \text{sym.} & & \rho_O + \Delta\rho_z \end{bmatrix} \begin{bmatrix} j_x \\ j_y \\ j_z \end{bmatrix} \quad (8.2.2)$$

ここに，E_x……，j_x……，はそれぞれ電場，電流密度の成分，ρ_O は応力 0 での比抵抗，$\Delta\rho_x$…… は応力 σ による比抵抗変化の成分であり，

$$\frac{1}{\rho_O} \begin{bmatrix} \Delta\rho_x \\ \Delta\rho_y \\ \Delta\rho_z \\ \Delta\rho_{yz} \\ \Delta\rho_{zx} \\ \Delta\rho_{xy} \end{bmatrix} = \pi \begin{bmatrix} \sigma_x \\ \sigma_x \\ \sigma_x \\ \tau_{yz} \\ \tau_{zx} \\ \tau_{xy} \end{bmatrix} \quad (8.2.3)$$

ここに，π はピエゾ抵抗係数マトリクスであり，ピエゾ抵抗係数の成分を π_{ij} として

$$\pi = \begin{bmatrix} \pi_{11} & \pi_{12} & \pi_{13} & \pi_{14} & \pi_{15} & \pi_{16} \\ \pi_{21} & \pi_{22} & & & & \cdot \\ \pi_{31} & & \cdot & & & \cdot \\ \pi_{41} & & & \cdot & & \cdot \\ \pi_{51} & & & & \cdot & \cdot \\ \pi_{61} & \cdot & \cdot & \cdot & \cdot & \pi_{66} \end{bmatrix} \quad (8.2.4)$$

π は結晶異方性を示す．弾性率と同じように，シリコンの場合，独立な三つの成分 π_{11}, π_{12}, π_{44} があり，結晶軸方向に x, y, z 軸を取った場合，次のように表される．

$$\pi = \begin{bmatrix} \pi_{11} & \pi_{12} & \pi_{12} & & & \\ \pi_{12} & \pi_{11} & \pi_{12} & & & \\ \pi_{12} & \pi_{12} & \pi_{11} & & 0 & \\ & & & \pi_{44} & & \\ & & 0 & & \pi_{44} & \\ & & & & & \pi_{44} \end{bmatrix} \quad (8.2.5)$$

任意の方向のピエゾ抵抗係数 π' も座標変換によって計算できる．

$$\pi' = T\pi T^{-1} \quad (8.2.6)$$

チップの表面に形成された抵抗素子の場合，電圧と電流の方向が一致しているので，抵抗変化率 $\Delta R/R$ は次のようになる．

$$\Delta R/R = \pi_L \sigma_L + \pi_T \sigma_T \tag{8.2.7}$$

ここに，σ_L と σ_T は，電流方向に作用する応力とそれに直行する方向の応力である．また，$\pi_L = \pi_{11}{}'$，$\pi_T = \pi_{12}{}'$ である．ここでは，電圧・電流方向は x' 方向（すなわち $1'$ 方向）とし，また，せん断の影響は小さいとした．

シリコン単結晶の方向による π_L の変化を，式 (8.2.6) を用いて計算した結果を図8.3に示す．図より，方向によって大きく変化することがわかる（この変化挙動は，基本となる π_{11}，π_{12}，π_{44} の値によって変化し，これらの値は不純物の種類と濃度によって変化する．ここでは，p型不純物で比抵抗 ρ が 7.8Ωcm となるような不純物濃度の場合の値（$\pi_{11} = 6.6 \times 10^{-11}[\text{Pa}^{-1}]$，$\pi_{12} = -1.1 \times 10^{-11}[\text{Pa}^{-1}]$，$\pi_{44} = 135.4 \times 10^{-11}[\text{Pa}^{-1}]$）を用いた）．

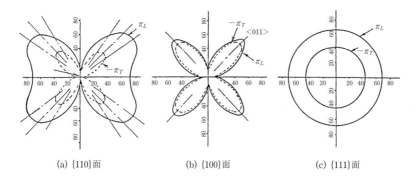

図8.3　シリコンのピエゾ抵抗係数（比抵抗の応力感度）の異方性
　　　　π_L, π_T：抵抗素子の長手方向と横方向の成分，p-Si，中心から各曲線までの距離がピエゾ抵抗係数の値 [$\times 10^{-11}\text{Pa}^{-1}$]

事例8.1　応力によるシリコンチップ上素子の抵抗変化分布の計算例

上記式 (8.2.7) に，前述 (6.3節) の式で計算したシリコンチップ応力の値を代入して，チップ上の抵抗素子の配置と抵抗変化量の関係を計算した結果を，分布図の形で表して図8.4に示す．図8.4より抵抗変化は，チップの辺の中央近傍で大きくなるが，チップ中央では小さくなっていることがわかる．これは，本チップの抵抗素子（p型）の方位（{100}面の<011>方向）において，$\pi_L \fallingdotseq -\pi_T$ となっている（図8.3(b)参照）こと

と，式 (8.2.7) を併せて考えれば理解できる．すなわち，チップ中央では応力の絶対値は大きいが，σ_L と σ_T が等しいため，$\Delta R/R$ は小さくなる．これに対して，チップの辺の近傍では，辺に垂直の方向の応力はほとんど 0 であるのに対して，これと直行する辺に沿う方向の応力は（特に辺の中央付近で）大きくなるため，$\Delta R/R$ は大きくなる．

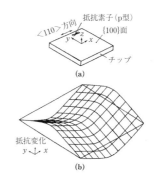

図 8.4　チップ上の抵抗変化分布の例
　　　（a）チップ上抵抗素子配置の例
　　　（b）抵抗変化分布の計算例

8.3　薄膜材料の残留応力と真性応力

半導体デバイスを始めとするマイクロ構造体の作成は，基板の上に各種材料でできた薄膜を形成することにより，行われる場合が多い．この薄膜には，成膜装置から取り出されたばかりの段階で，外から負荷を加えなくても，すでに大きな応力（残留応力）が生じており，この応力に起因した各種欠陥発生（基板への転位発生，膜の剥がれ，配線のストレスマイグレーション（後述：8.6節））などの問題を生じる場合がある．

膜を形成した基板は，異種材料の接合体であるから，前に説明したように，膜に応力が生じていると，そりも生じる（図 8.5）．逆にこのそり量 δ を測定することにより，膜に生じている残留応力 σ_f を求めることができる．すなわち

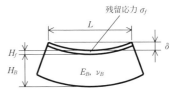

図 8.5　薄膜の残留応力によるそり

$$\sigma_f = 4E_B H_B^2 \delta / \left[3(1-\nu_B) H_f L^2\right] \tag{8.3.1}$$

ここに，H_f は膜厚さ，H_B，E_B と ν_B は基板の厚さ，ヤング率とポアソン比，L はそり測定のスパンである．

薄膜の残留応力は，熱応力と真性応力の二種類の成分に分けられる．すなわち

$$残留応力 = 熱応力 + 真性応力 \tag{8.3.2}$$

熱応力はすでに説明したように，温度変化によって生じる応力であり，薄膜を高温で形成した場合，この形成温度から室温に下げるプロセスで，薄膜と基板の線膨張係数差によって生じる．

真性応力は，成膜装置の中で膜を成長させている段階ですでに薄膜中に生じていると考えられる応力である．

真性応力の原因としては，次に示すようなものが考えられる．

(1) 基板と膜の格子定数差
(2) 膜の表面張力
(3) 膜堆積時の原子配置のゆがみ
(4) 膜のみの温度変化（膜成長プロセスで生じる反応熱などによる．）
(5) 膜の相変化（例えばアモルファスシリコン薄膜は，プロセス中で，多結晶シリコンへの相変化することにより大きな引張り応力を生じる．）
(6) 格子欠陥の消滅（高温での原子拡散による．）
(7) 不純物原子の取り込み
(8) ピーニング（大きな運動エネルギの原子を用いるスパッタなどによる成膜プロセスでは，原子が膜構成原子の間に叩き込まれ，これによる応力が生じる．これがピーニング効果である．）
(9) ガス吸着による膜表面状態の変化
(10) 酸化（例えばシリコン基板（Si）の表面が酸化により酸化膜（酸化けい素：SiO_2）に変わるとき，体積膨張により酸化膜層には圧縮応力が生じる．）

以上のような真性応力発生メカニズムの詳細については，MDなどを用いた原子レベルからの研究が進められている[5]．

8.4 静疲労の原子レベルからの解明

静疲労は，脆性材料が，一定応力で負荷された状態で保持されたとき，ある時間経過後に破壊を生じる現象である[*1]．通常の疲労が変動する負荷（動的負

荷）によって生じるのと違って，本現象は変動がない負荷（静的負荷）でも生じる．静疲労では，材料中に先在するき裂が徐々に進展し，破壊にいたる．この寿命には，雰囲気が大きく影響することが知られている．この現象を原子レベルから説明する．一例として水分子（H_2O）の影響下における酸化けい素（SiO_2）のき裂進展[6]を取り上げる．

まず，大気中に湿度として浮遊していた H_2O 分子が，SiO_2 のき裂先端に吸着する（図8.6）．H_2O はき裂先端の原子間結合を弱める．これは H_2O 分子中の H がき裂先端の Si-O-Si 結合の O と反応し，OH が Si と反応することによる（図8.7）．

ここでは，現象の本質を理解するため，き裂先端の一本の原子間結合に着目して，単純化したモデルを考えてみよう．き裂先端の一本の原子間結合の荷重−伸び曲線（F-δ 曲線）を考える（図8.8）．また，この結合に加わっている荷重レベルを F_0 とする．短時間負荷では，F_0 が F-δ 曲線の頂点すなわち強度を越えないと破壊は生じない．しかし長

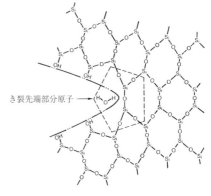

図8.6　SiO_2 のき裂先端の原子配置

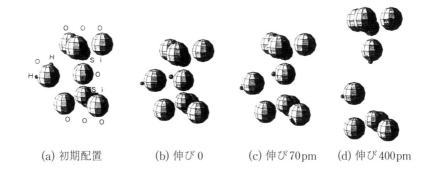

(a) 初期配置　　(b) 伸び0　　(c) 伸び70pm　　(d) 伸び400pm

図8.7　Si-O-Si 結合（図8.6のき裂先端部分）の引張り過程における原子配置変化のシミュレーション例

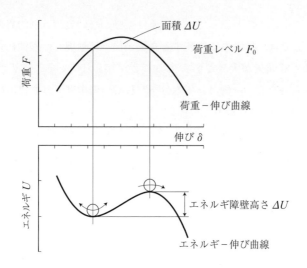

図8.8 原子間結合の荷重−伸び曲線とエネルギ障壁高さの関係

時間負荷の場合は，F_0 が頂点より低くても，切断が生じ得ることを，次に説明する．

F-δ 曲線を負荷レベル F_0 を基準にして積分することにより，エネルギーと伸びの関係（U-δ 曲線）を得ることができる（図8.8）．U-δ 曲線はS字曲線となる．最初の状態は左の窪みの安定点にあるが，時間をかければ原子の熱振動の助けを借りて，エネルギ障壁（energy barrier）を乗り越えて右に行くことができて，結合の切断が生じることになる．

高さ ΔU のエネルギ障壁を越える速度[*2]（rate）r は，速度論（rate theory）から次のように表せる[*3]．

[*1] おくれ破壊とも呼ばれる．slow crack growth という言い方をすることもある．金属において生じる応力腐食割れと呼ばれる現象も，類似の現象と考えられる．
[*2] r の単位は［回数/時間］であり，通常の考え方では「頻度」と呼ぶべきものであるが，この分野で用いられる呼び方として「速度」を用いる．
[*3] 原子が固有振動数 ν_0 で振動し，一回の振動でエネルギ障壁 ΔU を越える確率が $\exp(-\Delta U/(kT))$ となることから，エネルギ障壁を越える速度は，この式のように表されると考えられる．より厳密な取り扱いを，付録Aに示す．

$$r = \nu_0 \exp(-\Delta U/(kT)) \quad (8.4.1)$$

ここに，ν_0 は頻度因子（frequency factor）と呼ばれる定数，k はボルツマン定数，T は絶対温度である．また ΔU を，活性化エネルギ（activation energy），エネルギ障壁高さ，または単純にエネルギ障壁と呼ぶ．

原子結合間隔を a_0 とすれば，き裂進展速度 da/dt は

$$da/dt = a_0 \nu_0 \exp(-\Delta U/(kT)) \quad (8.4.2)$$

となる．ここで，ΔU の値は，き裂先端の原子結合部分への H_2O 分子の吸着によって低下する．また，結合に加わる荷重 F_0（これは応力拡大係数 K_I によって決まる）によっても小さくなる．ΔU が小さくなると，式（8.4.2）よりき裂進展速度は増大する．

このようなプロセスの原子レベルシミュレーションを基に，き裂進展速度 da/dt と応力拡大係数 K_I の関係を計算した結果を，実験結果と比較して図 8.9[7] に示す．図より計算結果は実験結果と，H_2O 有りの場合の強度の無しの場合に対する低下量や曲線の傾きなどについて，よく一致していることがわかる．

上記の式においては，応力拡大係数 K_I の影響は ΔU の中に入っているが，便宜上，応力の影響をべき乗で表し，エネルギ障壁は応力の影響を除いた分 E_a で表して，

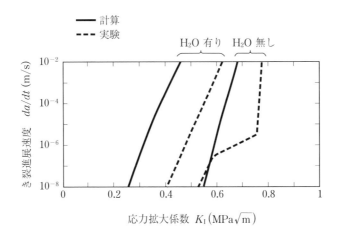

図 8.9　SiO_2 強度の計算結果と実験結果の比較

$$da/dt = A \cdot K_I^n \cdot \exp(-E_a/(kT)) \qquad (8.4.3)$$

の形の式を用いて，これに実験データを当てはめて定数 A, n, E_a を求めることも，よく行われる．

8.5 はんだの疲労き裂進展解析

電子装置の実装設計上重要なはんだ接続部の疲労き裂進展挙動について考えてみる．

図8.10に，はんだのような延性材料の疲労き裂の先端付近の状況[8]を模式的に示す．き裂先端には，前に述べたようにひずみ集中が生じている．き裂先端からある程度はなれた部分のひずみは，公称ひずみの値となっている．この内側にひずみ分布が特異場で表される領域（特異場領域）がある．さらにこの内側には，疲労による損傷の生じている領域（損傷領域）がある．この損傷領域で，どのような損傷が生じているかは，材料や負荷条件によって異なる．

はんだの熱サイクルによる疲労の場合，損傷領域では，粒界などの初期欠陥を起点として，多数のキャビティの成長が生じていると考えられる．キャビティとは材料内部の微小な空洞である．キャビティの成長は，キャビティ内側の表

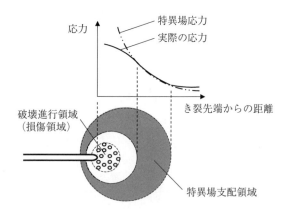

図8.10 き裂先端の破壊現象が特異場パラメータ（K_I など）で支配されている状態

面から粒界への原子の拡散によって生じるが，その速度はキャビティのまわりのひずみ場によって制限される．すなわち，成長速度の支配因子はまわりのひずみ場である．多数のキャビティが成長し合体することにより，き裂先端と連結し，き裂進展が生じることになる[9]．

損傷領域における材料の剛性は損傷を受ける前の材料よりも低下しているため，この領域の応力はもはや特異場応力とは違ったものとなってしまっている．しかし，損傷領域で生じる現象に対して，損傷領域を囲んでいる領域で成り立っているひずみの特異場は，一種の境界条件として働いていると考えられる．したがって，特異場領域のひずみが同じであれば，損傷領域で生じる現象は同じとなると考えられる[8]．すなわち，き裂進展速度を破壊力学パラメータを用いて表すことが可能となる（ただし温度など他の条件はそろえておくものとする）．

疲労き裂進展を支配する破壊力学パラメータとして，何を用いるかについては，さまざまな議論があるが，上記のように損傷の成長がまわりのひずみ場に支配されることから，ひずみ特異場の強さを表すパラメータであるひずみ拡大係数範囲 ΔK_ε を用いるのが妥当であろう．すなわち，き裂進展速度 da/dn （一回あたりのき裂進展量で表される）は，ΔK_ε の関数 $f(\Delta K_\varepsilon)$ となると考える[10]：

$$da/dn = f(\Delta K_\varepsilon) \tag{8.5.1}$$

ここで，ΔK_ε は，応力拡大係数の式で公称応力の代わりに公称ひずみ範囲を代入した式（形式的には弾性係数で割ったかたちとなる：下記事例8.2参照）を用いて，近似的に求めるものとする[*1]．モードⅠ（引張り圧縮）とモードⅡ（せん断）の負荷が加わる場合は，

$$\Delta K_\varepsilon = \left[(\Delta K_\mathrm{I}/E)^2 + (\Delta K_\mathrm{II}/G)^2/3\right]^{1/2} \tag{8.5.2}$$

とする[*2]．ここに，ΔK_I と ΔK_II はモードⅠとモードⅡの応力拡大係数範囲であり，E と G はヤング率と横弾性係数である．

関数 $f(\Delta K_\varepsilon)$ の具体的な形は，実験的に

$$da/dn = C\Delta K_\varepsilon^m \tag{8.5.3}$$

の形で表されることがわかっている．ここに，C と m は材料定数であり，鉛錫はんだで，$m = 2$ の値が得られている[10]．

*1 通常，発生ひずみのほとんどが非弾性ひずみとなる接続部はんだにおいて，線形弾性解析に基礎をおく応力拡大係数の式に基づいてひずみ拡大係数を求めることは，大胆な近似である．本手法の適用範囲については今後さらなる研究・解明が望まれるが，近似であっても簡便に妥当な結果が得られるとすれば，設計上非常に有用であると言える．

ここで説明した破壊力学パラメータによる手法と別に，損傷力学[11]と呼ばれる手法も発達してきている．損傷力学では，評価対象部分を細かい要素に分割し，各々の要素の損傷の発展を，要素の応力やひずみの変化と連立させて計算する．ある要素の損傷がある限度に達すると，その要素は耐荷能力を失う，すなわち，き裂がその要素まで達することになる．はんだ接合構造においても，損傷力学的な解析が試みられ，有用な結果が得られている[12, 13]．このような手法を発展させることは，き裂進展メカニズムの解明とともに破壊力学パラメータによる手法の適用限界の明確化にも役立つものと期待される．

*2 この式は，ミーゼスの相当ひずみと呼ばれるものを拡張し，破壊力学パラメータに適用したものである．垂直ひずみ ε とせん断ひずみ γ が同時に加わったときのミーゼスの相当ひずみは $\varepsilon_{eq} = (\varepsilon^2 + \gamma^2/3)^{1/2}$ となるが，この式に対応した式となっている．

事例8.2 チップ部品はんだ接合層とボンディングワイヤの疲労き裂進展による残存強度低下挙動の比較

ここで，図8.11(b)に示すようなチップ部品のはんだ接続部について考える．き裂を有する厚さ h の接合層にせん断変形が加わる場合の応力拡

(a) ワイヤネック部のき裂

ひずみ拡大係数
$\Delta K_\varepsilon = \Delta\varepsilon\sqrt{\pi a} \cdot F(a)$
き裂長さ a の増加とともに
加速度的に増加

(b) チップ部品はんだ部のき裂

$\Delta K_\varepsilon = \sqrt{2/3} \cdot \Delta\gamma \cdot \sqrt{h}$
き裂長さ a が増加しても
加速度的に増加することはない

図8.11 構造タイプによるひずみ拡大係数の差

係数の公式（表4.2（P.69）のモデル4のK_{II}の式）を式（8.5.2）に代入して，

$$\Delta K_\varepsilon = \sqrt{2/3} \cdot \Delta \gamma \cdot \sqrt{h} \qquad (8.5.4)$$

ここで，せん断ひずみ範囲$\Delta\gamma$の式としては，せん断遅れ理論による式（P.91の式（6.2.11））を用いる．このとき，はんだの弾性係数としては，塑性およびクリープを考慮した等価な弾性係数（P.111の式（7.4.2））を用いる．この$\Delta\gamma$を式（8.5.4）（8.5.3）に適用して，き裂進展挙動を求め，き裂進展による断面積減少に比例して残存強度が低下するとして，残存強度割合*を計算した．計算結果を実験結果と比較して図8.12に示す．この図より，計算値は実験値とよく一致していることがわかる．図には，ボンディングワイヤの残存強度についても計算結果が示してある．これについては，表面き裂の曲げに対する応力拡大係数の公式（表4.2のモデル3のK_Iの式）を用いて，同様な計算を行っている．図より，ボンディングワイヤの残存強度が急激に低下するのに対して，はんだ部の残存強度は徐々に低下することがわかる．

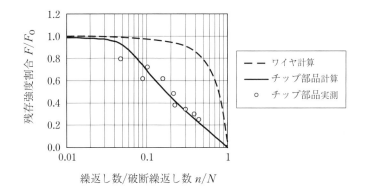

図8.12　熱サイクルの繰返しにともなう残存強度の低下挙動

---

*　残存強度割合 $= F/F_0$，ここにFは残存せん断強度，F_0は初期せん断強度．

8.6 エレクトロマイグレーションとストレスマイグレーション

エレクトロマイグレーションは，微細配線に流れる電流により，配線を構成する原子の移動（マイグレーション）が生じ，断線に至る現象である．通常，配線の粒界にキャビティが発生し，これが成長して断線に至る．寿命予測式としては，次のブラックの式が有名である[14]．

$$\mathrm{MTF} = A \cdot j^{-n} \cdot \exp(E_a/(kT)) \tag{8.6.1}$$

ここに，MTFは平均寿命，jは電流密度，E_aは活性化エネルギ，kはボルツマン定数，Tは絶対温度，Aとnは実験定数である．

ストレスマイグレーションは，断線の原因が配線の残留応力である点でエレクトロマイグレーションと異なっているが，原子移動による粒界キャビティの成長で断線に至る点では同じである．

両現象とも，原子の熱振動による拡散が重要な役割を果たしている．外からのストレスがなければ，拡散は方向性を持たないが，電流または応力が負荷されると，原子の移動しやすい方向が生じ，欠陥の成長が生じる．両マイグレーションは実際には複合され，応力と電流の両影響により，欠陥の成長が生じていると考えられる．

断線の原因となる粒界の欠陥成長メカニズム解明のために，拡散方程式に基づく解析[15]やMDを用いた解析[16]が行われ，有用な知見が得られている．

8.7 樹脂材料の挙動

電子装置で多用される樹脂材料の挙動について簡単に述べておく．

樹脂材料は，共有結合により原子が多数つながった線状の分子が絡み合い，固体を形成している．樹脂材料には熱可塑性樹脂と熱硬化性樹脂がある．熱可塑性樹脂では，高温で絡み合いがゆるくなり，液体となった状態で型の中に注入して冷却して固化させ，目的の形状とする．固まったものを再度温度を上げると溶融する．

これに対して熱硬化樹脂では，温度を上げることにより，分子の間に化学反

応により新たな共有結合が形成され,分子は網目状に結合した状態となる.一旦形成された結合は容易にはずれないため,再度温度を上げても溶けることがない.熱硬化樹脂のなかでも多用されている樹脂としてエポキシを例にとって,その挙動を図 8.13 を用いて説明する.

まず材料の温度を上げると,反応が活発化して分子間の化学結合が生じて反応収縮が起こり,材料は液体状態からゲル状態をへてゴム弾性状態となる.ここから温度を下げると,ある温度でゴム弾性状態からガラス弾性状態へ急激に変化する.この温度がガラス転位温度 T_g である.T_g を境にして弾性係数がけた違いに増加する.このため,最終的に生じる残留応力は,近似的には T_g より下の温度低下による熱収縮によって生じると考えられる.T_g より上の温度での挙動は粘弾性挙動を示すが,T_g 以下での挙動は弾性解析で近似解析できる場合が多い.

電子装置においては,各種部品が樹脂の中に埋め込まれた構造を取る場合が多い.例として,半導体チップをエポキシ樹脂に埋め込んだ構造を考える.樹脂の硬化後の熱収縮により,チップ側面に圧縮が加わるとともに,チップ表面にせん断応力が加わる.ここで重要となるのが,樹脂とチップの界面の強度である.界面の剥がれが生じた場合に生じる問題の例として,次のようなことが挙げられる.

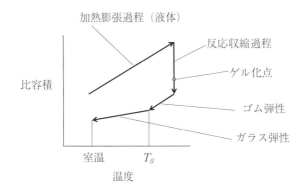

図 8.13　エポキシの硬化過程

(1) チップ表面電極の腐食：剥がれによって生じたすきまに，外界から拡散してきた水が凝集することにより，腐食が生じやすくなる．

(2) ワイヤ断線：剥がれによって，チップに接続されたワイヤなどに力がかかるようになり，断線に至る場合がある．

(3) 樹脂クラック：剥がれの結果，剥がれ端部の樹脂に応力集中が生じ，さらに熱サイクルによる応力の繰り返しにより，樹脂の疲労クラックを生じることがある．

このように，樹脂と部品の界面の剥がれの防止は電子装置の信頼性上きわめて重要である．樹脂挙動と界面強度の詳細については，それぞれ専門書［17］と［18］を参照されたい．

第8章 問題

[問8.1] ピエゾ抵抗効果を用いてひずみを測定することを通じて力学量を検出するセンサを考える．シリコンのセンサチップ表面にp型抵抗体を形成し，この抵抗体の長手方向に電流を流し，またひずみを作用させる場合に，チップ表面が{100}面と{111}面の場合のそれぞれについて，ひずみ検出感度を最大とするための抵抗体長手方向の結晶方位を求めよ．

[問8.2] n型不純物による抵抗の場合のピエゾ抵抗係数を調査し，この場合の図8.4に相当する抵抗変化分布について検討せよ．

[問8.3] 薄膜の応力をたわみから求める式（8.3.1）は，膜の厚さが基板より十分薄いという条件で，膜の端部近傍以外の部分の応力について，成り立つ式であることを，異材接合構造のせん断遅れモデルによる熱応力とたわみの式（6.3節（P.93）と6.4節（P.94）の式）を用いて示せ．

[問8.4] シリコン単結晶基板の上に薄膜を形成する半導体デバイス製造プロセス中で，膜端部付近の基板中に転位が生じ，これがデバイス特性劣化の原因となることがある．転位は膜端部から特定の角度の面内に生じる．

この転位発生メカニズムについて，異材接合構造応力分布（6章参照）と分解せん断応力（3.5節の事例3.1参照）の観点から考察せよ．

【ヒント】通常のICチップの表面は{100}面で，膜エッジは<110>方向である．一方，シリコンの転位が生じやすいのは，{111}面に<110>方向のせん断応力が加わる場合である．

[問8.5] 静疲労におけるき裂進展において，式（8.4.3）が成り立つ材料に，一定の公称応力 σ_0 が加わるとき（温度も一定とする），破断寿命 t_f と公称応力 σ_0 の間に，$\sigma_0^n \cdot t_f = $ 一定，の関係が成り立つことを示せ．

【ヒント】材料表面に初期深さ a_0 のき裂が潜在し，これが応力負荷時に成長し，ある一定の限界深さ a_f に達したときに破断が生じるとして，式（8.4.3）を積分する．$K_I = \sigma_0 \cdot f(a)$ の関係が成り立つことを考慮する．ここに，$f(a)$ はき裂の深さ a の関数である．

[問8.6] 疲労き裂進展速度の式（8.5.3）が安定的に成り立つのは，き裂の長さがある程度以上長くなってからであり，き裂の長さが結晶粒サイズ程度以下の領域では，実際の進展速度は，この式の値より大きくなる傾向がある．この現象の生じる理由について考察せよ．

[問8.7] チップ上の配線金属は絶縁材料に埋め込まれた構造をとる．配線金属の熱収縮が，絶縁材料でまわりじゅうから拘束されることにより，応力が増加するメカニズムを，3次元の応力－ひずみ関係式（3.6節の演習3.3参照）に基づいて，説明せよ．

[問8.8] エレクトロマイグレーションとストレスマイグレーションは，太い配線では大きな問題とならず，微細化された配線において，重要な課題となる．この理由を推定せよ．

[問8.9] エポキシ樹脂とこれに埋め込まれた金属との界面の剥がれが，応力と湿度の相乗作用により加速されるメカニズムを調査，検討せよ．

付録

付録 A：統計力学と速度論

静疲労によるき裂進展が速度論（rate theory）で表されることは前に述べた（8.4節）．これ以外にもさまざまな現象が，速度論で表される現象（すなわち，速度過程：rate process）であることが知られている．ここでは，速度論の考え方について説明する．まず，速度論の基礎となる統計力学の基本的な考え方について簡単に説明する．

A.1　Γ 空間とギブズ集団

Γ 空間とは，対象とする系を構成するすべての原子（N個）の位置 $\boldsymbol{x}$ と速度 $\boldsymbol{v}$ を座標軸にとった $6N$ 次元の位相空間である（ここに，$\boldsymbol{x} = \{x_1, y_1, z_1, x_2, y_2, z_2, \cdots\cdots, x_N, y_N, z_N\}$，$\boldsymbol{v} = \{v_{x1}, v_{y1}, v_{z1}, v_{x2}, v_{y2}, v_{z2}, \cdots\cdots, v_{xN}, v_{yN}, v_{zN}\}$ で，x_i, y_i, z_i は i 番目の原子の x, y, z 座標で，v_{xi}, v_{yi}, v_{zi} は i 番目の原子の x, y, z 方向の速度である）．ニュートン力学においては，系の状態は Γ 空間上の一点で表される．MDは，時間 t の経過にともなう Γ 空間上の点の運動，すなわち $\boldsymbol{x} = \boldsymbol{x}(t)$，$\boldsymbol{v} = \boldsymbol{v}(t)$ を求める．

統計力学においては，Γ 空間上の仮想的な点の集団（これをギブズ集団（Gibbs ensemble）と呼ぶ）の運動を考える．ギブズ集団の運動は，Γ 空間上に密度 ρ で分布する流体の流れとしてイメージできる（図 A.1）．

ギブズ集団の運動は

$$\rho = \rho(\boldsymbol{x}, \boldsymbol{v}, t) \tag{A.1}$$

と表される．ここに，$\rho(\boldsymbol{x}, \boldsymbol{v}, t)$ は，時刻 t において原子の位置が $\boldsymbol{x}$ で速度が $\boldsymbol{v}$ となる確率密度である．ニュートン力学の観点では，質点系の状態は確定的であるが，実際の状態は本質的に確率的性質を持っていると考えた方がよい．

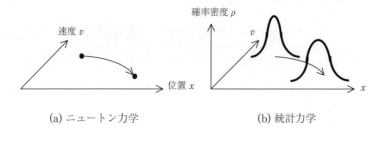

(a) ニュートン力学　　　　　　(b) 統計力学

図 A.1　ニュートン力学と統計力学

A.2　平衡分布

充分大きな熱容量をもつ系（熱浴）と熱エネルギのやりとりをしている系（部分系）を考える．材料力学の対象となる系は，通常，このような部分系と考えてよい．この系のギブズ集団の平衡状態における分布 $\rho(\boldsymbol{x}, \boldsymbol{v})$ は，次のようになることが証明されている[1]．

$$\rho(\boldsymbol{x}, \boldsymbol{v}) \propto \exp(-E(\boldsymbol{x}, \boldsymbol{v})/kT) \tag{A.2}$$

ここに，k はボルツマン定数，T は絶対温度，$E(\boldsymbol{x}, \boldsymbol{v})$ は，状態 $(\boldsymbol{x}, \boldsymbol{v})$ における系のエネルギである．

ここで，$\exp(-E(\boldsymbol{x}, \boldsymbol{v})/kT)$ をボルツマン因子（Boltzmann factor）と呼ぶ．式（A.1）の初期分布がどのような分布となっていたとしても，平衡状態では結局式（A.2）の分布に落ち着く．

式（A.2）は非常に適用範囲の広い式である．まず，対象系に含まれる原子数 N としては，$N=1$ から非常に多い場合まで適用できる．また，マクロ的寸法スケールでは温度分布を有する場合にも，微小部分をとれば T 一定と考えられるので，適用できる．さらに，マクロ的時間スケールでは非定常温度変化の途中にあっても，その刻々の状態において式（A.2）が成り立っている．原子の熱振動の周期は約 10^{-12} s という高速であり，マクロの温度変化速度に比べ非常に早い時間スケールでミクロには平衡状態が生じるためである．このような状態を局所平衡（local equilibrium）[2] の成り立つ非平衡状態と呼ぶ．

式（A.2）は，時間 t を含まず，時間 t によって変化しない．しかし，ギブズ

集団を構成する一つ一つのサンプルの運動は，原子のランダムな運動によってゆらいでおり，時間 t によって変化する．一つのサンプルを考えたときの時間による変化の分布（時間分布）も，式（A.2）で表されることが明らかにされている．このように時間分布が集団分布と一致することをエルゴード性と呼ぶ．

さて，$E(\bm{x}, \bm{v})$ は，通常，$\bm{x}$ に依存する部分 $U(\bm{x})$（ポテンシャルエネルギ）と $\bm{v}$ に依存する部分 $T(\bm{v})$（運動エネルギ）に分けることができるので，$\bm{x}$ の分布と $\bm{v}$ の分布に分けて考えることができる．すなわち，固体において重要となる $\bm{x}$ の分布は，次のように表せる．

$$\rho(\bm{x}) \propto \exp(-U(\bm{x})/kT) \tag{A.3}$$

ある物理量 $A(\bm{x})$ の平均値 $\overline{A}$ は次式のようになる．

$$\overline{A} = \int A(\bm{x})\exp(-U(\bm{x})/kT)d\bm{x}/Z \tag{A.4}$$

ここに，Z は分配関数とよばれるものであり，次式で定義される．

$$Z = \int \exp(-U(\bm{x})/kT)d\bm{x} \tag{A.5}$$

ここで，積分範囲は $\bm{x}$ の取り得るすべての領域である．

事例 A.1 応力の統計力学的平均の式

すでに 3.7 節で述べたように，応力 σ はポテンシャルエネルギ U をひずみ ε で微分して

$$\sigma = (1/V_0)\partial U/\partial \varepsilon \tag{A.6}$$

で表される．ここに V_0 は対象領域の体積である．この応力 σ は，ギブズ集団の一つのサンプルの応力に相当する．この σ が，原子の熱振動により時間とともに変動することも，3.8 節で述べた．この σ の統計力学的平均値 $\overline{\sigma}$ を式（A.4）を用いて求めると

$$\overline{\sigma} = (1/V_0)\partial F/\partial \varepsilon \tag{A.7}$$

となる．ここに，F は次式で定義される量である．

$$F = -kT \ln Z \tag{A.8}$$

この F は熱力学においてヘルムホルツの自由エネルギとよばれる量である．

演習A.1 応力 σ の統計力学的平均値 $\overline{\sigma}$ が式（A.7）で表されることを証明せよ．

【ヒント】式（A.8）に式（A.5）を代入したものを ε で偏微分したものは，式（A.4）の $A(x)$ に $\partial U/\partial \varepsilon$ を代入したものとなっている．

次に，次節の速度論の準備として，原子の速度 v の分布について考える．全運動エネルギは各原子の各速度成分による運動エネルギに分離できるから，各々の速度成分の分布を独立して求めることができる．各原子の x 方向の速度成分 v_x による運動エネルギは $mv_x^2/2$ となるから，式（A.2）を用いれば，速度成分 v_x の分布は

$$\rho(v_x) \propto \exp[-v_x^2/(2\sigma_{vx}^2)] \tag{A.9}$$

ここに，

$$\sigma_{vx} = \sqrt{kT/m} \tag{A.10}$$

ここで，m は原子の質量である．

すなわち，標準偏差が $\sqrt{kT/m}$ の正規分布となる．原子の位置 x にかかわらず各原子の各速度成分に同様な分布が成り立つことになる．このような速度分布をマクスウェル速度分布（Maxellian velocity distribution）と呼ぶ．

式（A.9）の速度分布の平均値は 0 となっているが，ギブズ集団を速度が正の集団と負の集団に分けて考えれば，ある平均速度を持つ．速度が正の集団の平均速度 $\overline{v_{xp}}$ は

$$\overline{v_{xp}} = \int_0^\infty v_x \rho(v_x) dv_x = \frac{\int_0^\infty v_x e^{-\frac{v_x^2}{2\sigma_{vx}^2}} dv_x}{\int_0^\infty e^{-\frac{v_x^2}{2\sigma_{vx}^2}} dv_x} = \sqrt{\frac{2}{\pi}}\, \sigma_{vx} = \sqrt{\frac{2kT}{\pi m}} \tag{A.11}$$

となる．

次に原子位置 x の具体的な分布を考える．速度 v の分布と違って，原子位置 x の分布は単純ではない．ポテンシャルエネルギ曲面が複雑な形をしており，x の各成分への分解が，厳密にはできないからである．ただし，固体において構成原子が安定点付近で微小振動している状態を考え，一つの原子に着目して，まわりの原子の影響を平均的な場におきかえれば，簡単化が可能である．

一つの原子の一つの方向 x のポテンシャルエネルギ曲面 $U(x)$ は，安定点の近傍で，次のように近似できる．

$$U(x) = K(x-x_0)^2/2 \tag{A.12}$$

ここに，K はポテンシャル曲面の曲率，すなわちバネ定数であり，x_0 は安定点の座標である．

この場合の x の分布は，式（A.3）より

$$\rho(x) \propto \exp\left[-(x-x_0)^2/(2\sigma_x^2)\right] \tag{A.13}$$

ここに，

$$\sigma_x = \sqrt{kT/K} \tag{A.14}$$

この場合，位置 x は v_x の場合と同じように正規分布となる．平均値は安定原子位置 x_0 であり，標準偏差は $\sqrt{kT/K}$ である．

このように，固体構成原子のそれぞれを独立した振動子として近似し，この集合体として固体をモデル化したものを，アインシュタインモデル（Einstein model）と呼ぶ．

A.3 速度論の基本的な考え方

速度論を考えるのに，まず基本的な場合として，エネルギ障壁を越える原子の 1 次元の運動を考える（図 A.2(a)）．このようなモデルのよく当てはまるものの一例として，固体中の原子拡散の素過程，すなわち一つの原子の固体中の一つの安定位置からとなりの安定位置への移動が挙げられる（3.4 節の図 3.11 参照）．

ポテンシャル曲面 $U(x)$ の中に，二つの局所最小点 A と B があり，その間にエネルギ障壁（エネルギ障壁の頂上を P とする）がある．時刻 t におけるギブズ集団の確率密度分布を $\rho(x,t)$ とすれば，時刻 t において状態 A をとる確率 $P_A(t)$ と状態 B をとる確率 $P_B(t)$ は

$$P_A(t) = \int_{-\infty}^{x_P} \rho(x,t)dx \tag{A.15}$$

$$P_B(t) = \int_{x_P}^{\infty} \rho(x,t)dx \tag{A.16}$$

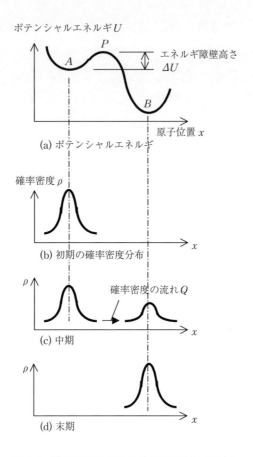

図 A.2　速度過程における確率密度分布の変化

となる．ここに，x_P は点 P の座標である．

ギブズ集団は最初一方の最小点 A の近くにあるとする．ギブズ集団の密度分布 $\rho(x, t)$ は，最初どのような分布になっていたとしても，A の近くにあれば短時間のうちに A を中心とした局所的な平衡状態に収束する（図 A.2(b)）．

次にギブズ集団は，A と B の間のエネルギ障壁を乗り越え，徐々に B の方へ流れ込み，B を中心とした小さな局所平衡分布を生じる（図 A.2(c)）．分布が点 A と点 B 近傍に集中しているとすれば，式（A.13）より，点 A 近傍分布 ρ_A と点 B 近傍分布 ρ_B は，それぞれ

$$\rho_A = \rho_{AO} \cdot \exp\left(-(x-x_A)^2/(2\sigma_{xA}^2)\right) \tag{A.17}$$

$$\rho_B = \rho_{BO} \cdot \exp\left(-(x-x_B)^2/(2\sigma_{xB}^2)\right) \tag{A.18}$$

となる．ここに，x_A と x_B は点 A と点 B の座標，σ_{xA} と σ_{xB} は点 A と点 B における分布の広がりであり，

$$\sigma_{xA} = \sqrt{kT/K_A} \tag{A.19}$$

$$\sigma_{xB} = \sqrt{kT/K_B} \tag{A.20}$$

となる．ここに，K_A と K_B は点 A と点 B におけるバネ定数である．

また，ρ_{AO} と ρ_{BO} は点 A と点 B における密度であり，式（A.17），（A.18）を式（A.15），（A.16）に代入することにより，

$$\rho_{AO} = P_A(t)/(\sqrt{2\pi}\,\sigma_{xA}) \tag{A.21}$$

$$\rho_{BO} = P_B(t)/(\sqrt{2\pi}\,\sigma_{xB}) \tag{A.22}$$

となる．

A から B への流れの継続により，$P_A(t)$ は徐々に減少し，$P_B(t)$ は徐々に増加する．この減少および増加速度は，A から B へのギブズ集団の流量 Q で決まる．すなわち，

$$-dP_A(t)/dt = dP_B(t)/dt = Q \tag{A.23}$$

次に Q を求める．ここでは，簡単化のため点 B のエネルギは十分低く，状態 B から状態 A へ逆流はない場合について考える．さらに，点 P の状態は，点 A の状態と平衡状態にあるとする．このとき，式（A.3）より，点 P の密度 ρ_P は

$$\rho_P = \rho_{AO} \cdot \exp(-\Delta U/(kT)) \tag{A.24}$$

ここに，ρ_{AO} は点 A における密度，ΔU はエネルギ障壁高さである．

点 P にあるギブズ集団の部分 ρ_P でも，平衡状態にあるとの仮定から，マクスウェル速度分布が成り立つ．したがって，半分は A に戻る方向の速度を持っており，あとの半分が B に向かう方向の速度を持っており，その平均速度は式（A.11）のようになるから，流量 Q は

$$Q = (\rho_P/2) \cdot \sqrt{2kT/(\pi m)} \tag{A.25}$$

となる．

上記式に式（A.24）を代入し，さらに式（A.21），（A.19）を代入すれば

$$Q = (1/(2\pi))\sqrt{K_A/m}\exp(-\Delta U/(kT)) \cdot P_A(t) = \lambda \cdot P_A(t) \tag{A.26}$$

ここに，

$$\lambda = \nu_0 \cdot \exp(-\Delta U/(kT)) \tag{A.27}$$
$$\nu_0 = (1/(2\pi))\sqrt{K_A/m} \tag{A.28}$$

上記の式より，ν_0 は点 A における原子の振動の固有振動数になっていることがわかる．

式（A.26）と式（A.23）より

$$dP_A(t)/dt = -\lambda \cdot P_A(t) \tag{A.29}$$

上記の式を初期条件 $P_A(0) = 1$ で解けば，

$$P_A(t) = \exp(-\lambda t) \tag{A.30}$$

$P_B(t)$ は $1-P_A(t)$ であるから

$$P_B(t) = 1 - \exp(-\lambda t) \tag{A.31}$$

この分布は確率論における指数分布の累積分布関数であり，確率密度関数は $f(t) = \lambda \exp(-\lambda t)$ となるので，平均生起時間 τ は

$$\tau = \int_0^\infty t f(t) dt = 1/\lambda \tag{A.32}$$

したがって平均生起速度 r は

$$r = 1/\tau = \lambda \tag{A.33}$$

となり，これに式（A.27）を代入すれば，結局，平均速度 r の式

$$r = \nu_0 \cdot \exp(-\Delta U/(kT)) \tag{A.34}$$

が得られる．

通常，速度過程を表す式として，平均速度を表す式（A.34）が用いられることが多い．しかし，式（A.30），（A.31）で表されるように，速度過程は本

質的に確率の時間変化で表現される過程（確率過程：stochastic process）であることを，ここで強調しておく．

演習 A.2 状態 A と B をとる確率 P_A と P_B の時間変化を表す上記式（A.30）と式（A.31）は，状態 B から A への逆方向の遷移が生じない場合の式であった．逆方向の遷移が許容される場合の式を求めよ．

A.4 速度論の基本式の拡張

上記は，1個の原子が1次元の運動をする場合の速度過程であった．実際の速度過程では，多数の原子が多次元の運動をする場合が多い．一つの具体例としては，静疲労き裂進展過程の中で，き裂先端で原子間結合が一つ切断され，原子間隔一個分だけき裂が進展する素過程を考える（図 8.7）．このプロセスにおいて，き裂先端を構成する複数の固体原子とき裂先端に吸着した雰囲気分子を含む N 個の原子の運動が関与している．

多数の原子の座標 x からなる $3N$ 次元の空間でのポテンシャル曲面 $U(x)$ を考える（図 A.3：多数の次元を絵に描くことができないので，図では2次元で表してある）．ポテンシャル曲面 $U(x)$ の中の二つの極小点 A と B が，原子間結合切断前の状態（状態 A）と切断後の状態（状態 B）に対応している．点 A から点 B に移動するときに，A から谷底をつたって峠 P（正式な用語は鞍点：saddle point）を越えて B に至る経路 q が，最もエネルギが低くて生じやすい経路である．この経路 q にそって点 A から点 B にむけて取った座標を反応座

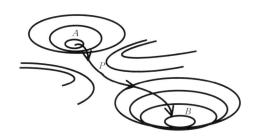

図 A.3　多次元における遷移経路 q

標（reaction coordinate）と呼ぶ．この反応座標軸 q にそった1次元の運動に対して，前節の考え方を適用すれば，式（A.34）と同様な次式が得られる．

$$r = \nu_0 \exp(-\Delta U/(kT)) \tag{A.35}$$
$$\nu_0 = (1/(2\pi))\sqrt{K/m} \tag{A.36}$$

ただし，上記頻度因子 ν_0 の式における K と m は反応座標軸 q にそった運動に関する等価バネ定数と等価質量とする．

さらに厳密に考えると，この反応座標軸 q と直行する方向に生じる熱振動の影響も考慮する必要がある．このためには，ν_0 に修正因子（$\Pi\nu_{Ai}/\Pi\nu_{Pi}$）を掛ければよい．ここに，ν_{Ai} と ν_{Pi} は点 A と点 P において，反応座標軸 q に直行する方向の $3N-1$ の自由度に関する固有振動数であり，Π はこれをすべて掛け合わせることを意味する．また，点 A に対する点 P のエントロピー変化 ΔS が，$k\ln(\Pi\nu_{Ai}/\Pi\nu_{Pi})$ となることから，ν_0 ではなくて ΔU の方を修正して，ΔU の代わりに自由エネルギ変化（$=\Delta U - T\Delta S$ で定義される）を用いて表すこともよく行われる．

水素原子のように軽い原子の運動を考える場合は，さらに量子論効果の考慮が重要となる．重要な効果として，ゼロ点振動効果とトンネル効果が考えられている．

実際の現象では，いくつかの素過程がつながって，一つの現象が生じる場合も多い．例えば，き裂先端への水分子の供給と，供給された水分子とき裂先端原子の反応がそれぞれ速度過程であり，両者が組み合わさって，き裂先端の結合の切断が生じる場合，この二つの素過程は直列につながっていると見なせる．

速度が r_1 と r_2 の二つの素過程が直列につながった過程の速度 r は

$$r = 1/(1/r_1 + 1/r_2) \tag{A.37}$$

並列につながった場合は

$$r = r_1 + r_2 \tag{A.38}$$

となる．

さまざまな劣化現象，破壊現象が速度過程と考えられ，速度論に基づく研究が行われている[3]．

A.5 応力を考慮したエネルギ障壁高さの計算

ここで，系に対する負荷として力 F や応力 σ が加わわったときのエネルギ障壁高さの計算法について説明しておこう．

負荷が加わることにより，系のポテンシャル曲面が変形する．負荷後のポテンシャル $U_T(x)$ は，もとのポテンシャル $U(x)$ に負荷のポテンシャル $U_f(x)$ を加えることにより，次のように表される*．

$$U_T(\boldsymbol{x}) = U(\boldsymbol{x}) + U_f(\boldsymbol{x}) \tag{A.39}$$

ここで，$U_T(x)$ は対象系の全ポテンシャルエネルギ曲面，$U(x)$ は外部負荷が作用していないときのエネルギ曲面であり，2章で述べたように量子力学によって決まるものであるが，適切な経験的ポテンシャル関数があれば，これを用いて計算することもできる．一方，$U_f(x)$ は負荷系のポテンシャルエネルギであり，例えば次のようになる．

$$U_f(\boldsymbol{x}) = -F \cdot \delta(\boldsymbol{x}) \quad \text{(一定外力 } F \text{ が加わっている場合)} \tag{A.40}$$
$$U_f(\boldsymbol{x}) = -\sigma \cdot \varepsilon(\boldsymbol{x}) \cdot V_0 \quad \text{(一定応力 } \sigma \text{ が加わっている場合)} \tag{A.41}$$

ここに，$\delta(x)$ は F の作用方向の変位，$\varepsilon(x)$ は σ の作用方向のひずみであり，原子位置 x の関数であることを示すために (x) を付けた．V_0 は対象系の体積である．ここでは応力 σ を対象系に外部から作用する荷重としてあつかっている．

このポテンシャル曲面を用いて，極小点と鞍点（前記点 A と点 P）を求めれば，このエネルギレベルの差がエネルギ障壁高さ ΔU_T となる．

---

* 本節の $U_T(x)$ は，4.7節の式（4.7.2）で定義したポテンシャルエネルギ Ut と似た量であるが，き裂面形成のための原子間結合切断のエネルギが，4.7節の Ut には含まれていないのに対して，本節の $U_T(x)$ には含まれている．また，本節の $U_T(x)$ は，熱力学におけるエンタルピーを拡張したものと考えることもできる．

事例 A.2 原子間結合切断のエネルギ障壁の荷重依存性の計算式

一本の原子間結合に，結合を引き伸ばす方向に一定の力（荷重）F が加わった場合のポテンシャルエネルギと原子間距離の関係を考える．結合の

ポテンシャルuは井戸型であり，荷重のポテンシャルU_fは右下がりの直線となるので，両者を合わせた全ポテンシャルU_TはS字型となり，エネルギ障壁ΔU_Tが生じる（図A.4）．

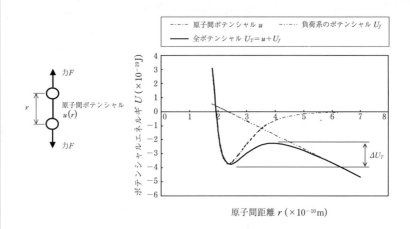

図A.4 負荷状態における原子間結合の切断のエネルギ障壁 ΔU_T

原子間ポテンシャルuが次式のモースポテンシャル*：
$$u = D\{\exp(-2(r-r_0)/a) - 2\exp(-r-r_0)/a\} \quad (\text{A.42})$$
（ここに，rは原子間距離，D, r_0, aはポテンシャルパラメータ（設定法については，下記【注】参照）と呼ばれる定数である）で表される場合，結合切断のエネルギ障壁の高さΔU_Tは，次の式のようになる．

$$\Delta U_T = D\left\{\sqrt{1-\frac{F}{F_B}} - \frac{1}{2}\frac{F}{F_B}\ln\left(\frac{1+\sqrt{1-F/F_B}}{1-\sqrt{1-F/F_B}}\right)\right\} \quad (\text{A.43})$$

ここに，F_Bは次の式で定義される．

$$F_B = D/(2a) \quad (\text{A.44})$$

式（A.43）の関係は図A.5のように表される．図より荷重Fが増加するとエネルギ障壁ΔU_Tが低下し，F_Bになると$\Delta U_T = 0$となることがわかる．すなわち，F_Bは瞬間的に結合切断を生じる力：結合の破断荷重である．

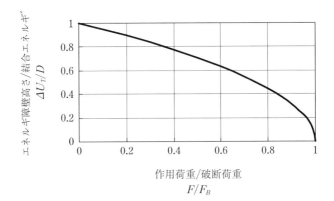

図 A.5 モースポテンシャルで表される原子間結合の
切断のエネルギ障壁に及ぼす作用荷重の影響

【注】 原子間ポテンシャルをモースポテンシャルで近似する場合のポテンシャルパラメータは，次のようにして簡便に決定できる．まず，r_0 は平衡原子間距離，D は原子間結合一本あたりの結合エネルギとして設定できる．a は結合のバネ定数と関連した量であり，結晶を構成する原子の場合，

$$a = r_0 \sqrt{(Z \cdot D/\Omega)/C_0} \qquad (A.45)$$

で見積もれる[4]．ここで，Z は原子一個あたりの隣接原子の数，Ω は原子一個あたりの体積，C_0 は

$$C_0 = c_{11} + c_{22} + c_{33} + 2(c_{23} + c_{31} + c_{12}) \qquad (A.46)$$

で定義される．ここに，c_{ij} は，結晶の弾性定数の成分である．

---

* モースポテンシャルは，多体影響が考慮されていないなど，実際の原子間相互作用を表す上で不十分な面もあるが，シンプルな式でありながら，共有結合力と金属結合力の基本的な性質を表すことができるため，実用上十分に役立つものである．モースポテンシャルを多体影響を考慮できるように拡張したポテンシャルとして，ターソフポテンシャルがある（2.4節＜事例2.2＞参照）．

演習 A.3 エネルギ障壁高さの計算式（A.43）を導け．

演習 A.4 モースポテンシャルパラメータ a の計算式（A.45）を導け．

事例 A.3 物性値からの原子間ポテンシャルパラメータ設定例

シリコンを例に取って，上記事例の注に示した方法を用いて，原子間ポテンシャルをモースポテンシャル（式（A.42））で近似する場合のポテンシャルパラメータ r_0, D, a の値を設定すると，次のようになる．

$$r_0 = 2.36 \times 10^{-10} [\text{m}] \tag{A.47}$$
$$D = 3.71 \times 10^{-19} [\text{J}] \tag{A.48}$$
$$a = 0.673 \times 10^{-10} [\text{m}] \tag{A.49}$$

ここで，r_0 はシリコン単結晶の隣接原子間の距離の実測値を用いている．D は，昇華エネルギの実測値から 5.2 節の＜事例 5.2 ＞で示したようにして得られる．a については，次のようにして求める．

まず，シリコンの弾性定数の実測値（P.119 の**表 8.1**）を，シリコンのような立方晶では，$c_{11} = c_{22} = c_{33}$, $c_{23} = c_{31} = c_{12}$ となることを考慮して，式（A.46）に代入して

$$C_0 = 904 \times 10^9 [\text{Pa}] \tag{A.50}$$

また，シリコンの結晶構造はダイヤモンド構造であり，この場合，原子一個当たりの体積 Ω は

$$\Omega = 単位格子体積 / 単位格子原子数 = \left(4r_0/\sqrt{3}\right)^3/8 \tag{A.51}$$

上の式に式（A.47）を代入して $\Omega = 2.02 \times 10^{-29} [\text{m}^3]$ で，この値と隣接原子数 $Z = 4$ と式（A.50）の値を，式（A.45）に代入して，a の値（式（A.49））が得られる．

事例 A.4 原子レベル劣化防止のための許容荷重計算例

計算例を下記の［演習 A.5］と［演習 A.6］に示す．

演習 A.5 温度 300 K で 10 年間使用したときに，原子間結合の切断の確率を 0.1% 以下とするには，結合切断のエネルギ障壁を何 J 以上とする必要があるか．ただし，頻度因子は $10^{12}\,\mathrm{s}^{-1}$ とする．

［解］ 式（A.34）より

$$\Delta U = kT \ln(\nu_O / r) \tag{A.52}$$

式（A.33），（A.31）より

$$r = \lambda = \ln(1/(1-P_B))/t \tag{A.53}$$

上の式に，$P_B = 0.1 \times 10^{-2}$, $t = 3600\,[\mathrm{s/h}] \times 24\,[\mathrm{h/day}] \times 365\,[\mathrm{day/year}] \times 10\,[\mathrm{year}] = 3.15 \times 10^8\,[\mathrm{s}]$ を代入して $r = 3.18 \times 10^{-12}\,[1/\mathrm{s}]$．

この値と，$k = 1.381 \times 10^{-23}\,[\mathrm{J/K}]$, $T = 300\,[\mathrm{K}]$, $\nu_O = 10^{12}\,[1/\mathrm{s}]$ を式（A.52）に代入して

$$\Delta U = 2.24 \times 10^{-19}\,[\mathrm{J}] \tag{A.54}$$

演習 A.6 上記値以上のエネルギ障壁高さを確保するためには，結合に加わる力 F を何 N 以下とする必要があるか．また，この力は瞬間的な結合強度の何分の一か．

ただし，原子間ポテンシャルはモースポテンシャルで表され，そのポテンシャルパラメータは，式（A.47）～（A.49）の値であるとする．

【ヒント】＜事例 A.2＞（図 A.5）の関係を用いる．

付録B：強度評価に用いられる主要パラメータ

強度評価によく用いられるパラメータを，まとめて表B.1に示す．

表B.1 強度評価に用いられる主要評価パラメータ

名称	記号	定義	主用途
最大主応力	σ_1	3.5節	脆性材料の破壊評価
ミーゼスの相当応力	σ_{eq}	（注1）	延性材料の降伏評価，クリープ評価
ミーゼスの相当ひずみ範囲	$\Delta\varepsilon_{eq}$	（注2）	延性材料の多軸状態での疲労評価
分解せん断応力	τ_{RSS}	3.5節	結晶のすべり
破壊力学パラメータ	K_I, K_II, K_III, $\mathcal{G}$	4.6節, 4.7節	き裂材の強度評価
	ΔK_ε	8.5	
	J, ΔJ, J', $\hat{J}$, C^*	付録B	
	K_i, K, λ	（注3）	界面の強度評価

(注1) $\sigma_{eq} = \sqrt{\dfrac{1}{2}\left[(\sigma_y-\sigma_z)^2+(\sigma_z-\sigma_x)^2+(\sigma_x-\sigma_y)^2+6(\tau_{yz}^2+\tau_{zx}^2+\tau_{xy}^2)\right]}$

(注2) $\Delta\varepsilon_{eq} = \sqrt{\dfrac{2}{3}\left[\Delta\varepsilon_x^2+\Delta\varepsilon_y^2+\Delta\varepsilon_z^2+\dfrac{1}{2}(\Delta\gamma_{yz}^2+\Delta\gamma_{zx}^2+\Delta\gamma_{xy}^2)\right]}$

(注3) 界面の破壊力学パラメータ．詳細は文献[6]参照．

表B.1の中には，破壊力学パラメータとして，さまざまなものが示してあるが，この中でまだ説明していなかったものについて，簡単に説明する．

JはJ積分と呼ばれるもので，き裂先端を囲む経路に関する線積分で定義される量である[5]．本来，非線形弾性体について定義される量であるが，塑性材料の破壊に対して適用されることが多い．

応力σとひずみεの関係がn乗則で表されるとき，すなわち，σとεの関係が

$$\varepsilon = \varepsilon_0 \left(\sigma/\sigma_0\right)^n \tag{B.1}$$

で表される材料（この式で ε_0, σ_0 と n は材料定数）では，き裂先端の特異場は，その指数が，応力に関しては $1/(n+1)$，ひずみに関しては $n/(n+1)$ となる．この特異場は，HRR特異場（Hutchinson-Rice-Rosengren singularity）と呼ばれている．特異場の強さは J で表される．すなわち

$$\sigma_{ij} = \sigma_0 \left\{J/(I_n \varepsilon_0 \sigma_0 r)\right\}^{1/(n+1)} \tilde{\sigma}_{ij}(\theta) \tag{B.2}$$

$$\varepsilon_{ij} = \varepsilon_0 \left\{J/(I_n \varepsilon_0 \sigma_0 r)\right\}^{n/(n+1)} \tilde{\varepsilon}_{ij}(\theta) \tag{B.3}$$

ここに，r はき裂先端からの距離，I_n は n によって決まる定数，$\tilde{\sigma}_{ij}(\theta)$ と $\tilde{\varepsilon}_{ij}(\theta)$ は角度座標 θ の関数である．

J には，非線形弾性体におけるき裂の単位面積進展によるエネルギ開放量の意味もあり，式（B.1）の n が1のときには，

$$J = \mathcal{G} \tag{B.4}$$

の関係が成り立つ．

ΔJ は，J 積分範囲と呼ばれるもので，J における σ と ε の代わりに応力範囲 $\Delta\sigma$ とひずみ範囲 $\Delta\varepsilon$ を用いたものであり，延性材料の疲労き裂進展速度の評価に用いられる．

J'（修正J積分）は，J における ε の代わりにひずみ速度 $d\varepsilon/dt$ を用いたものであり，クリープき裂の評価に用いられる．J' は，$\dot{J}$（クリープJ積分），あるいは C^*（C^* 積分）とも呼ばれる．

付録C　各種速度現象の式

C.1　各種速度の式 (1)

No.	対象	式（名称）	説明
1	原子配置変化 $A \rightarrow B$	$dP_A/dt = -\lambda \cdot P_A$ 又は $dP_B/dt = \lambda \cdot (1-P_B)$ （速度論基本式）（付録A参照）	P_A, P_B：それぞれ状態A、Bをとる確率，t：時間，λ：速度定数[*a]：熱活性化過程の場合はアレニウス型 $= \nu_0 \exp(-E_a/(kT))$，ここに，ν_0：頻度因子，E_a：活性化エネルギ，k：ボルツマン定数，T：絶対温度
2	原子配置変化 $A \rightleftarrows B$	$dP_B/dt = \lambda_f \cdot P_A - \lambda_b \cdot P_B$ （逆方向遷移考慮速度式）[*b]	P_A, P_B：上記参照，λ_f, λ_b：正方向変化と逆方向変化の速度定数
3	固体表面への気体分子の吸着	$d\theta/dt = \lambda_a \cdot p(1-\theta) - \lambda_d \cdot \theta$ （ラングミュア型吸着式）（後述の<事例C1>参照）	θ：被覆率[*c]，λ_a, λ_d：吸着，離脱の速度定数，p：気体の分圧

[*a] λ：速度定数の記号としては，よくkが用いられる．しかし，本書では，ボルツマン定数kとの混乱を避けるため，λを用いた．

[*b] 上表No.2の式において，定常状態（$dP_B/dt=0$）の場合を考えると，
$$P_B/P_A = \lambda_f/\lambda_b = \exp(-\Delta G_{BA}/(kT)) \tag{C.1}$$
となる．ここに，ΔG_{BA}は，状態Bの状態Aに対するギブズの自由エネルギの変化[*1]である．ここで重要なのは，定常状態では，状態AとBの生起確率の比が，状態AとBの自由エネルギ差だけで決まる点である．過渡状態での変化速度には，AからBへの途中段階Pにおけるエネルギの山の高さが影響した（付録A参照）が，定常状態では，途中状態は影響しない．

[*1] ギブズエネルギ変化ΔGは，通常は$\Delta G = \Delta F + p \cdot \Delta V$（ここに，$\Delta F$：ヘルムホルツの自由エネルギ変化，$p$：対象系に外から加わっている圧力，$\Delta V$：対象系の体積変化）と書かれる．これを基準状態におけるギブズエネルギ変化ΔG_0として，これに対して，さらに様々な負荷が加わった場合を考えると，$\Delta G = \Delta G_0 - \sigma \cdot \Delta \varepsilon \cdot V$（体積$V$の対象系に外から応力$\sigma$が作用している状態で，ひずみ変化$\Delta \varepsilon$が生じた場合），$\Delta G = \Delta G_0 - f \Delta x$（対象系中の粒

子に外力 f が作用している状態で，粒子の位置変化 Δx が生じる場合），$\Delta G = \Delta G_0 - q \cdot E \cdot \Delta x = \Delta G_0 + q \cdot \Delta \phi$（対象系中の電荷 q の荷電粒子が，外部電界 E による力 qE を受けた状態で位置変化 Δx を生じて，電位が $\Delta \phi$ だけ異なる位置に移動した場合）などの形となり，応力や電位の影響を考慮できる．

*c 気体分子は固体表面原子配列の上の特定の位置に吸着する．このような吸着箇所を吸着サイトと呼ぶ．全吸着サイトの中で吸着が生じているサイトの割合が被覆率である．多数のサイトのそれぞれで，ある一定の確率で吸着が生じるとすれば，No.2 の式における確率 P_B を被覆率 θ に置き換えることができる．ここでは，「雰囲気中分子 ⇄ 吸着分子」の化学反応（原子配置変化）が生じているとみることもできる．

各種速度の式(2)

No.	対象	式（名称）	説明
4	化学反応 A → B	$d[A]/dt = -\lambda[A]$ （一次反応速度式）*d	$[A]$：物質 A の濃度，λ：速度定数．物質 B の濃度増加速度は $d[B]/dt = -d[A]/dt$ となる．
5	より複雑な反応 A+B ⇄ C+D	$d[D]/dt$ $= \lambda_f[A][B] - \lambda_b[C][D]$ （二次反応速度式）*e	$[A], [B], [C], [D]$：物質 A, B, C, D の濃度，λ_f, λ_b：正反応，逆反応の速度定数である．反応速度は $-d[A]/dt = -d[B]/dt = d[C]/dt = d[D]/dt$ となる．

*d 均一な濃度の液体や気体の中では，その中のあらゆる箇所（サイト）で均一な確率で反応が生じる．このような場合，No.1 の式の確率 P_A を濃度 $[A]$ に置き換えることができる．

*e 物質 A と B が均一な濃度の液体または気体中で反応する場合，A 分子と B 分子が衝突する確率は，両者の濃度の積 $[A][B]$ に比例することになるので，反応速度もこれに比例することになる．このことから上表 No.5 の速度式が導かれる．ただし，見かけ上の反応式が A+B ⇄ C+D となる反応であっても，実際には途中段階に反応中間体のある場合，例えば A+B ⇄ E+F，G ⇄ C+D においては，もはや No.5 のような二次反応速度式は成り立たない．

No.5 の式において，定常状態（$d[D]/dt = 0$）の場合を考えると，

$$\frac{[C][D]}{[A][B]} = K \tag{C.2}$$

が導かれる．ただし，ここで，$K = \lambda_f/\lambda_b$ である．式 (C.2) は，化学の基本法則の一つである"質量作用の法則"である．濃度比で表した式 (C.2) は，濃度が低い場合に成立する式である．濃度が高くなると，正確には補正が必要となる．詳細は化学熱力学の本を参照されたい[7]．

各種速度の式 (3)

No.	対象	式（名称）	説明
6	エポキシ熱硬化反応*f	$d\alpha/dt = (\lambda_1 + \lambda_2\alpha^m)(1-\alpha)^n$ （カマールの式）	α：反応率, λ_1, λ_2：アレニウス型温度依存の速度定数, m, n：定数（前記No.1の二番目の式に補正を加えた形の式となっている）
7	静疲労き裂進展*f	$da/dt = CK^m$	a：き裂寸法（き裂深さ）, K：応力拡大係数, C, m：材料定数（本文8.4節参照）
8	クリープひずみ*f	$d\varepsilon/dt = A\sigma^n$ （ノートン則）	ε：ひずみ, σ：応力, A, n：材料定数
9	疲労き裂進展*f	$da/dn = C\Delta K^m$ （パリス則）	a：き裂寸法（き裂深さ）, n：負荷繰返し数, ΔK：応力拡大係数範囲, C, m：材料定数
10	疲労被害*f	$dD/dn = 1/N(\Delta\varepsilon)$ （マイナー則）	D：疲労被害, n：負荷繰返し数, $N(\Delta\varepsilon)$：ひずみ範囲 $\Delta\varepsilon$ が一定の場合の破壊までの繰返し数

*f　No.1からNo.5は，素過程に関する理論式である．これに対して，No.6からNo.10は，多数の素過程が複雑に組み合わさった多段過程において，全体として生じる現象に関する経験式である．

C.2　各種流束の式

No.	対象	式（法則名）	説明
1	濃度勾配による物質流束	$J = -DdC/dx$ （フィックの法則）	J：物質流束, D：拡散係数, dC/dx：濃度勾配
2	熱伝導	$q = -\lambda dT/dx$ （フーリエの法則）	q：熱流束, λ：熱伝導率, dT/dx：温度勾配
3	粘性	$\tau = \mu dv/dx$ （ニュートン粘性則）	τ：せん断応力, μ：粘性係数, dv/dx：速度勾配
4	電気伝導	$j = -\sigma d\phi/dx$ （オームの法則）	j：電流密度, σ：電気伝導度, $d\phi/dx$：電位勾配

No.	対象	式（法則名）	説明
5	温度勾配による物質流束	$J = -D_\mathrm{T} dT/dx = -s_\mathrm{T} D dT/dx$ （ソレー効果）	J：物質流束，D_T：熱拡散係数，s_T：ソレー係数，D：拡散係数，dT/dx：温度勾配
6	電位勾配によるイオン流束	$J = -[DCZF/(RT)]d\phi/dx$ $= -[DCZe/(kT)]d\phi/dx$ （ネルンスト・プランクの式）	J：イオンの流束，D：拡散係数，C：濃度，Z：電荷数，F：ファラデー定数，R：気体定数，e：素電荷，$d\phi/dx$：電位勾配
7	半導体中のキャリア（電子と正孔）の流束	$j_e = -en\mu_e d\phi/dx + eD_e dn/dx$ $j_h = -ep\mu_h d\phi/dx - eD_h dp/dx$	j_e, j_h：それぞれ電子と正孔の流束による電流，e：素電荷，n, p：電子と正孔の濃度，μ_e, μ_h：移動度，$d\phi/dx$：電位勾配，$dn/dx, dp/dx$：濃度勾配，D_e, D_h：拡散係数*a．
8	電子流による原子空孔の流束	$J = -[DCZ^*e/(kT)]d\phi/dx$	J：原子空孔の流束，D：拡散係数，C：濃度，Z^*：空孔の有効電荷数，k：ボルツマン定数，T：絶対温度，$d\phi/dx$：電位勾配
9	応力勾配による原子空孔流束	$J = -[DC\Omega/(kT)]d\sigma/dx$ （ヘリングの式）	J：原子空孔の流束，D：拡散係数，C：濃度，Ω：体積，$d\sigma/dx$：応力勾配

*a　$D_e = kT\mu_e/e$，$D_h = kT\mu_h/e$ の関係がある（付録C.4 の *a の ** を参照）．

C.3　各種拡散距離 x の式*a

No.	対象	式	説明
1	物質の拡散	$x = \sqrt{Dt}$	D：拡散係数，t：時間
2	熱の拡散	$x = \sqrt{at}$	a：熱拡散率 $= \lambda/(c\rho)$ *b ここに，λ：熱伝導率，c：比熱，ρ：密度
3	運動量の拡散	$x = \sqrt{\nu t}$ *c	ν：動粘性係数 $= \mu/\rho$ ここに，μ：粘性係数，ρ：密度

*a　距離の定義の仕方によって右辺に係数が掛かり（付録C.4 No.1参照），その値が変化するが，オーダーをあたる上では，この式で充分である．

*b 熱拡散係数 D_T は，名称は似ているが，この熱拡散率 a とは異なるものである（付録C.2 の No.5 参照）．
*c 粘性体における運動量の拡散距離．境界層（boundary layer：流れの中におかれた物体の表面近傍の流れに生じる，流速の急激に変化する薄い層）の厚さなどを決める．

C.4 微粒子の移動現象

No.	対象	式	説明
1	ブラウン運動*1	$x = \sqrt{\dfrac{4Dt}{\pi}}$ *a	x：一方向（x 方向）の平均移動距離，D：拡散係数
2	熱泳動*2	$v = -K_{\text{th}}(\nu/T)\mathrm{d}T/\mathrm{d}x$	v：熱泳動速度，K_{th}：熱泳動係数，ν：動粘性係数，T：絶対温度，$\mathrm{d}T/\mathrm{d}x$：温度勾配
3	電気泳動*3	$v = -B_{\text{e}} \cdot \mathrm{d}\phi/\mathrm{d}x$ *b	v：電気泳動速度，B_{e}：電気移動度，$\mathrm{d}\phi/\mathrm{d}x$：電位勾配

*a ブラウン運動を行う粒子の初期位置を座標原点にとり，t 秒後の移動位置を直行座標 x, y, z で表せば，そのおのおのの確率分布は独立な正規分布となり，それぞれの標準偏差 σ は $\sigma = \sqrt{2Dt}$ となる．平均移動距離で表せば上記の式となる．3方向の成分を総合した移動量の標準偏差は $\sqrt{6Dt}$ となる．D と移動度 B の間には，$D = kTB$** の関係がある．移動度 B は，力 F を受けることによって速度 v で運動する粒子の速度と力の関係（$v = B \cdot F$）の比例定数として定義される量であって，例えば，半径 a の球状粒子が粘性係数 μ の流体中を層流状態で運動するとき，$B = 1/(6\pi a\mu)$（ストークスの法則）となる．

　　** この式は，アインシュタインの関係式と呼ばれる．この式は，揺動に関する量 D と逸散に関する量 B を結び付けており，揺動逸散定理*4 と呼ばれる法則の一つの表現となっている．

*b $B_{\text{e}} = B \cdot q = D \cdot q/(kT)$（ここに，$q$：粒子の電荷，$B$：移動度，$D$：拡散係数）の関係がある．
*1 Brownian motion, *2 thermoforesis, *3 electrophoresis,
*4 fluctuation-dissipation theorem (FDT)

演習C.1 物質拡散と熱拡散と運動量拡散の微分方程式

物質拡散と熱拡散と運動量拡散の間には，付録C.3に示されるようなアナロジーが成立する．物質拡散と熱拡散と運動量拡散のそれぞれを支配する微分方程式を調べ，それらの間の対応関係を示せ．

付録C 各種速度現象の式　*165*

演習C.2　ピエゾ抵抗効果の生じるメカニズム

ピエゾ抵抗効果（本文8.2節参照）は，付録C.2のNo.7のμ_eまたはμ_h（電子または正孔の移動度：すなわち動きやすさ）が，応力によって変化することにより生じると見なすことができる．より詳しく言えば，半導体中では，キャリア（電子と正孔）は複数の状態に分配されている．このキャリアの状態としては，μの大きい状態（動きの早い状態）とμの小さい状態（動きの遅い状態）が存在する．応力ゼロでは両状態に均一に分配されていたキャリアが，応力によって偏って分配されることにより，実効的なμの値が変化し，電気抵抗の変化が生じる．この効果は純粋な抵抗体だけでなく，MOSをはじめとする各種半導体素子の特性も変化させることになる．

このようなキャリアの不均一分配の生じるメカニズムを調査し，簡潔に記述せよ．

演習C.3　スイープ加振による疲労の等価繰返し数

スイープ加振試験*による疲労ダメージを，簡便に評価するための近似評価式が，次式のようになることを，付録C.1(3)の表のNo.10の線形被害則を用いて導け．

$$n_{eq} = 1.232\beta^{1/2} \cdot \nu_0 \cdot \tau / [Q \cdot \ln(\nu_U/\nu_L)] \quad (C.1)$$

ここに，n_{eq}は，等価繰返し数であり，スイープ試験での疲労ダメージと同じ疲労ダメージを生じるような一定応力振幅での繰返し数を表している．一定応力振幅の値としては，共振周波数での応力振幅値σ_{max}を用いる．ν_0は共振周波数，τはスイープ試験時間である．βは，疲労指数であり，寿命Nと応力振幅σの関係を$N \propto 1/\sigma^{1/\beta}$で表した場合の指数である．$Q$は共振倍率，$\nu_U$はスイープの上限周波数，$\nu_L$はスイープの下限周波数である．

---

* スイープ加振試験は，周波数をスイープさせながら，加振を行なう試験であり，各種装置の耐振性の評価によく用いられる（この他に，付録Hで説明するランダム加振試験もよく用いられる）．ここでは，加振波形は正弦波とし，周波数は，図C.1(a)～(c)に示すように，共振周波数が含まれる範囲で，加速度振幅一定で，対数スイープさせる場合を考える．加振周波数が共振周波数ν_0に近くになったとき，振幅は大き

くなり,疲労のダメージは,このときに生じる.応答が,線形振動系の定常応答式で表されるとすると,周波数 ν と発生応力振幅 σ の関係は,図 C.1(d) のように表される.この共振周波数付近での関係を二次関数 $\sigma = \sigma_{max}[1-a(\nu-\nu_0)^2]$(ここに,$a$ は定数)で近似して,式 (C.1) を導く.

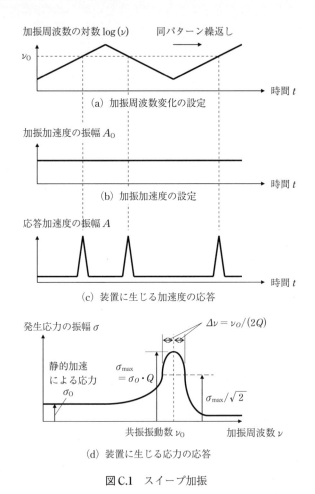

図 C.1　スイープ加振

事例 C.1　金属への酸素分子の吸着挙動と疲労寿命影響

　金属の疲労寿命は,雰囲気によって大きな影響を受ける.通常の大気中でも,大気中の酸素によって影響を受けている.これは,逆に酸素の存在

しない雰囲気（真空中あるいは不活性雰囲気中）では，寿命が大幅に伸びることから明らかである．この雰囲気影響現象を説明する理論として，ここでは文献[8]の考え方を紹介する．この現象は，まだ理論的に完全に解明されているとは言えない．ここで紹介する理論も一つの仮説であるが，雰囲気影響現象を考える際に極めて有用な物理イメージを与えくれると考え，これを紹介する．この理論によれば，この現象は，速度過程の一種である「吸着」（付録C.1のNo.3参照）と呼ばれる過程に支配されている．

寿命影響のメカニズムは次のとおりである．疲労において，負荷の繰返しごとに，き裂が進展し，新生面が生じる過程を考える．新生面は，生まれたばかりの面であり，最初は何も吸着していない．真空中では，き裂面が，何も吸着しないまま除荷され，き裂面の金属原子同士が原子レベルの距離まで再接近すると，き裂面の再付着（すなわち，き裂の治癒）が生じることになる[*1]．これが真空中での寿命増加の原因となる．一方，大気中では，き裂新生面に酸素が吸着し，これがき裂面の再付着を阻害し，き裂の治癒が生じないため，寿命は低下する（図C.2参照）．

次に，き裂新生面への酸素分子の吸着挙動を考える．大気中の酸素分

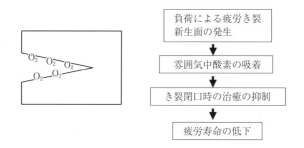

図C.2　金属疲労き裂進展に及ぼす大気雰囲気の影響プロセス

[*1] 原子レベルで考えると，金属原子は，常に他の原子とくっ付きたがっている．ただし，通常の金属表面は，長期間大気にさらされているため，自然酸化膜を生じ，また水分子や有機分子など各種分子を吸着しているのが普通である．こうした面どうしを接触させても，吸着原子が邪魔して再付着は生じない．しかし，完全に清浄な面を原子レベルで接近させれば，自然に原子間結合が生じると考えられる．

子は高速で飛び回っており，表面があれば高頻度で衝突してくる．き裂新生面に衝突した酸素分子は，表面に捉えられて吸着状態に入る．したがって，真性面が生まれてからの時間経過とともに，分子による表面の被覆率は増加してゆく（図C.3参照）．被覆率が増加すると，表面から離脱する分子も増えてくる．この結果，ある被覆率で定常状態となる*2．この挙動は，付録C.1のNo.3の速度式から理解できる．

原子レベルシミュレーションにより，酸素分子吸着挙動を解析し，これを基に，真空度による疲労寿命変化挙動を計算した例を実験結果とともに図C.4に示す[8]．本結果は金属として鉛を考え解析した結果である．この図より，真空度を上げていくと，ある真空度で，短寿命から長寿命への遷移を生じるという実験結果を，計算結果は，よく再現できている．

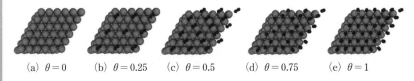

(a) $\theta = 0$ (b) $\theta = 0.25$ (c) $\theta = 0.5$ (d) $\theta = 0.75$ (e) $\theta = 1$

図C.3　金属表面への酸素分子吸着における被覆率θの増加にともなう原子配置
（鉛の(111)面への吸着のシミュレーション結果，表面を上から見た図）

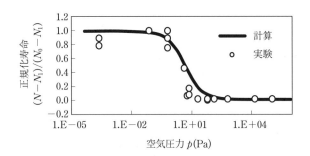

図C.4　疲労寿命と真空度の関係のシミュレーション結果と実験結果

---

*2 酸素分子吸着状態から，さらに時間が経過すると，吸着分子が金属原子と反応して酸化膜を生じる（図C.5(b)参照）．しかし，このためには，酸素分子は金属

原子の間にむりやり割り込んで行かねばならず，大きな活性化エネルギが必要である．したがって，常温付近で酸化状態となるためには，吸着の生じる時間に比べ，はるかに長い時間を必要とすると考えられる．

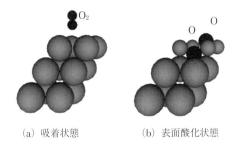

(a) 吸着状態　　　(b) 表面酸化状態

図C.5　吸着状態と表面酸化状態の原子配置のシミュレーション結果
（表面の部分を取り出し，側面から見た図）

演習C.4　疲労寿命遷移酸素分圧の概算

前記事例で示したような疲労寿命の遷移の生じる酸素分圧 p を，付録C.1のNo.3に示した吸着挙動の式を用いて概算せよ．

ただし，材料表面の酸素の吸着による被覆率は，繰返し負荷の各々の負荷において，き裂が開口している時間のあいだに，平衡状態に達するものとし，この平衡被覆率 θ が0.05となる酸素分圧 p において，寿命遷移が生じるとする．また，窒素分子などの環境中の他の分子は，表面への吸着力が弱いため，酸素の吸着挙動に影響を及ぼさないものとする．対象材料表面の酸素の吸着サイトの面積 A は $1.061 \times 10^{-19} \mathrm{m}^2$（格子定数 495 pm の fcc 結晶の(111)面の単位格子の面積），原子吸着時の固着確率は1と仮定する．原子離脱時の頻度因子 ν_0 は $10^{12} \mathrm{s}^{-1}$，活性化エネルギ E_a は 6.5×10^{-20} J とし，温度 T は 295 K とする．酸素分子の質量 m は 5.32×10^{-26} kg（分子量 32 × 原子質量単位 1.661×10^{-27} kg），ボルツマン定数 k は 1.381×10^{-23} J/K である．

［演習C.4解］　付録C.1のNo.3の式において，平衡状態，すなわち $\mathrm{d}\theta/\mathrm{d}t = 0$ を仮定すると，

$$\lambda_\mathrm{a} p (1-\theta) - \lambda_\mathrm{d} \theta = 0 \tag{C.2}$$

故に，

$$p = \lambda_d \theta / [\lambda_a (1-\theta)] \tag{C.3}$$

λ_d は，熱活性化過程と考えられるので，

$$\lambda_d = \nu_0 \exp(-E_a/(kT)) \tag{C.4}$$

λ_a は気体分子運動論から

$$\lambda_a = A/(2\pi mkT)^{1/2} \tag{C.5}$$

与えられた値を式 (C.4) (C.5) に代入すれば，

$$\lambda_a = 2.88 \times 10^3 \, [\text{s}^{-1}\text{Pa}^{-1}] \tag{C.6}$$

$$\lambda_d = 1.177 \times 10^5 \, [\text{s}^{-1}] \tag{C.7}$$

上記値と与えられた θ の値を式 (C.3) に代入しすれば，遷移圧力 p は，

$$p = 2.15 \, [\text{Pa}] \tag{C.8}$$

となる．

付録D 電磁気学と材料力学の間の対応関係

現代の機械機器には，機械系と電気系が組み合わさって，高度な機能を発揮するものが多い．こうした機器を担当する技術者は，電気系の基本となる電磁気学と機械系の基本となる材料力学の両者について，物理イメージを把握しておくことが重要である．電磁気学と材料力学は，もちろん本質的に異なる理論体系を持っているが，ある種の対応関係があるのも事実である．対応関係の例を付録 D.1 〜 D.5 に示す．読者は，これらを吟味してみていただきたい．このような対応関係を考察することにより，それぞれの現象について，より深い物理イメージがつかめるものと思う．

電磁気現象における物理イメージの一つのポイントは，エネルギの蓄えられる部分にある．エネルギは，電荷や電流に蓄えられるのではなくて，誘電体や磁性体の中に蓄えられる．物質のない真空中においては，エネルギは不思議なことに，何もないはずの空間の中に蓄えられることになる．弾性体が，ひずみによって弾性ひずみエネルギを蓄えるように，真空は，電磁場と呼ばれる，ある種のひずみを生じて電磁気エネルギを蓄えるのである．

D.1 基本的な対応[*1]

1	材料力学	電磁気学		
2	固体力学関係	電気関係		磁気関係
3	弾性体	抵抗体	誘電体	磁性体
4	荷重 P [N] （断面力 F [N]）	電流 I [A]	電荷 Q [C]	磁荷 Q_m [Wb] （磁束 ϕ [Wb]）
5	応力 σ [Pa] = [N/m^2]	電流密度 j [A/m^2]	電束密度 D [C/m^2]	磁束密度 B [T] = [Wb/m^2]
6	変位 u [m]	電位 ϕ [V]	電位 ϕ [V]	電流 I [A]

7	ひずみ ε [無次元] = [m/m]	電界 E [V/m]	電界 E [V/m]	磁界 H [A/m]
8	材料挙動の基本式 $\sigma = E\varepsilon$	$j = \sigma E$	$D = \varepsilon E$	$B = \mu H$
9	ヤング率 E [N/(m·m)] = [Pa]	導電率 σ [A/(V·m)] = [S/m]	誘電率 ε [C/(V·m)] = [F/m]	透磁率 μ [Wb/(A·m)] = [H/m]
10*2	ひずみエネルギ密度 $U_e = \int \sigma d\varepsilon = E\varepsilon^2/2$ [J/m³]	ジュール発熱密度 $p = jE$ [W/m³]	静電エネルギ密度 $u = \int E dD = \varepsilon E^2/2$ [J/m³]	磁気エネルギ密度 $u = \int H dB$ $= B^2/(2\mu)$ [J/m³]
11*3	全ひずみエネルギ $U = \int U_e dV$ [J]	全ジュール発熱 $P = \int p dV$ [W]	全静電エネルギ $U = \int u dV$ [J]	全磁気エネルギ $U = \int u dV$ [J]

*1 この表の対応関係を用いて，次の付録 D.2 の具体例を解釈できる．

*2 非線形挙動を示す材料におけるエネルギ式については，この表の No.5 と No.6 の対応関係と違う対応関係を使った方が，理解しやすい．すなわち，

$\sigma [\text{N/m}^2] : E[\text{N/C}] : H[\text{N/Wb}]$

$\varepsilon [\text{m}^2\text{m/m}^3] : D[\text{C}\cdot\text{m/m}^3] : B[\text{Wb}\cdot\text{m/m}^3]$

例えば，磁界 H の本来の単位は [A/m] であるが，これを変形して [N/Wb] と表すこともできる（∵ A/m = (W/V)/m = (N·m/s)/(V·m) = N/(V·s) = N/Wb）．これは磁界の中にある磁荷に単位磁荷 1 [Wb] あたりに生じる磁力の大きさ [N] を表している．磁界 H が加わった状態で，磁性体の中に磁束密度増加 ΔB [Wb·m/m³] が生じたとすれば，これは，磁性体の中に分布する磁気双極子（ここでは正負の磁荷が互いに非線形バネ（及び塑性要素）でつながれ対になったものをイメージする）の磁荷 [Wb] が磁力により互いに離れる方向に変位 [m] することにより生じた磁気モーメント [Wb·m] の単位体積 1 [m³] あたりの増加量と解釈することもできる．より正確には，磁気双極子の性質をもつ各々の原子が方向をそろえることにより，このような効果が生じるが，ここでは単純化してイメージを明確化してみる．$H\Delta B$ の単位は，(N/Wb) × (Wb·m/m³) = N·m/m³ = J/m³ となって，$H\Delta B$ が磁性体に単位体積あたりに入力されるエネルギとなることが理解できる．

*3 ここに，$\int \cdot dV$ は，対象領域についての体積積分を表す．

D.2 簡単な具体例での対応

	引張りを受ける棒の問題	棒の電気抵抗の問題	平行平板コンデンサの電気容量の問題	充分細長いソレノイドの自己インダクタンスの問題
12	伸び $\delta = u_2 - u_1$ 荷重 P 断面積 A ヤング率 E	電圧 $V = \phi_1 - \phi_2$ 電位 ϕ 電流 I 断面積 A 導電率 σ	電圧 $V = \phi_1 - \phi_2$ 電位 ϕ_1, ϕ_2 断面積 A 誘電率 ε	コイルターン数 N 電流 I コア断面積 A 透磁率 μ
	基本的な関係式は $\varepsilon = \delta/\ell$ $\sigma = E\varepsilon$ $P = A\sigma$	基本的な関係式は $E = V/\ell$ $j = \sigma E$ $I = Aj$	基本的な関係式は $E = V/\ell$ $D = \varepsilon E$ $Q = AD$	基本的な関係式は $H = NI/\ell$ $B = \mu H$ $\Phi = NAB$
	これらの式より $P = EA\delta/\ell$ $\quad = K\delta$ ここに，K はバネ定数 [N/m] で $K = EA/\ell$	これらの式より $I = \sigma AV/\ell$ $\quad = V/R$ ここに，R は電気抵抗 [Ω] で $1/R = \sigma A/\ell$	これらの式より $Q = \varepsilon AV/\ell$ $\quad = CV$ ここに，C は電気容量 [F] で $C = \varepsilon A/\ell$	これらの式より $\Phi = \mu AN^2 I/\ell$ $\quad = LI$ ここに，L は自己インダクタンス [H] で $L = \mu AN^2/\ell$
	また，全ひずみエネルギは $U =$ ひずみエネルギ密度×体積 $= (1/2)E(\delta/\ell)^2$ $\quad \cdot (A\ell)$ $= K\delta^2/2$ $= P^2/(2K)$	また，全ジュール発熱は $P =$ 発熱密度×体積 $= \sigma(V/\ell)^2$ $\quad \cdot (A\ell)$ $= V^2/R$ $= RI^2$	また，全静電エネルギは $U =$ 静電エネルギ密度×体積 $= (1/2)\varepsilon(V/\ell)^2$ $\quad \cdot (A\ell)$ $= CV^2/2$ $= Q^2/(2C)$	また，全磁気エネルギは $U =$ 磁気エネルギ密度×体積 $= (1/2)\mu(NI/\ell)^2$ $\quad \cdot (A\ell)$ $= LI^2/2$

D.3　力学系と電気系の対応例

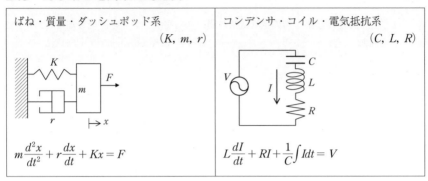

ばね・質量・ダッシュポッド系
(K, m, r)

$m\dfrac{d^2x}{dt^2} + r\dfrac{dx}{dt} + Kx = F$

コンデンサ・コイル・電気抵抗系
(C, L, R)

$L\dfrac{dI}{dt} + RI + \dfrac{1}{C}\int I dt = V$

D.4　弾性振動と電磁波の対応

No.	弾性振動	電磁波
1	音速：$c = \sqrt{K/\rho}$ *1	光速：$c = 1/\sqrt{\varepsilon\mu}$ *2
2	脈動球からの音響放射パワー $W[\mathrm{W}]$： $W = V_\mathrm{a}^2 \omega^4 \rho/(8\pi c)$ *3	振動双極子からの輻射パワー $W[\mathrm{W}]$： $W = p_\mathrm{a}^2 \omega^4 \mu_\mathrm{o}/(12\pi c)$ *4
3	棒の縦振動の固有振動数 $\nu_\mathrm{n}[\mathrm{Hz}]$ *5 $\nu_\mathrm{n} = n \cdot c/(2L)$ 　$(n = 1, 2, \cdots\cdots)$	空洞中の定在波の周波数 $\nu_\mathrm{n}[\mathrm{Hz}]$ *6 $\nu_\mathrm{n} = n \cdot c/(2L)$ 　$(n = 1, 2, \cdots\cdots)$

No.	弾性振動	電磁波

4	固体の熱平衡弾性振動
	
	1. 状態密度 $g(\nu)$ *7
	  1.1 連続体モデル：$g(\nu) \propto \nu^2$
	  1.2 離散モデル：
	  (a) デバイモデル：$g(\nu) \propto \nu^2 \ (\nu < \nu_D)$ *8
	                    $g(\nu) = 0 \ (\nu > \nu_D)$
	  (b) アインシュタインモデル：
	              $g(\nu) \propto \delta \ (\nu\text{-}\nu_E)$ *9
	  (c) 格子力学モデル（文献 [9] 参照）
	  (d) MD モデル（文献 [10] 参照）
	
	2. エネルギ密度（離散モデル）
	  2.1 古典論：$u = 3kT$ [J/atom] *10
	    （比熱は $3k$ となる：デュロン・プティの法則）
	  2.2 量子論
	    低温では $u \propto T^4$（高温で古典論に一致）
		空洞中の熱平衡輻射
		
		1. 状態密度 $g(\nu) \propto \nu^2$ (注)
		
		2. エネルギ密度 u：
		  2.1 古典論：紫外破綻 $(u \to \infty)$
		  2.2 量子論：$u = aT^4$ [J/m³] *11
		  （左欄の 2.2 と対応）（シュテファンの法則）
		
		3. エネルギ分布
		  古典論：レイリー・ジーンズ分布 [11]
		  量子論：プランク分布 [11]
		
		4. 黒体の放射エネルギ：
		  $w = \sigma T^4$ [W/m²]（量子論）*12
		  （シュテファン・ボルツマンの法則）

*1　ρ：媒質の密度，K：媒質の弾性率：媒質の種類，縦波，横波などにより異なる（棒の縦波ではヤング率，流体では体積弾率），空気中の音速 $c = 331$ [m/s]（0℃のとき）

*2　ε, μ：媒質の誘電率，透磁率，真空中の光速 $c = 300$ Mm/s

*3　V_a：脈動体積の振幅（体積変化 $\Delta V = V_a \cdot \sin(\omega t)$），$\omega$：角振動数 $= 2\pi\nu$（ν：振動数），空気の密度 $\rho = 1.293$ kg/m³（0℃ 1気圧）

*4　p_a：双極子モーメントの振幅（双極子モーメント $p = p_a \cdot \sin(\omega t)$ で変化），真空中の透磁率 $\mu_0 = 1.257 \mu$H/m

*5　n：正の整数，c：音速，L：棒の長さ

*6　n：正の整数，c：光速，L：空洞の寸法

*7　$g(\nu)$：状態密度：$g(\nu)\Delta\nu$ が振動数 ν と $\nu + \Delta\nu$ の間にある振動モードの数となる

*8　ν_D：デバイ振動数

*9　ν_E：アインシュタイン振動数，$\delta(\cdot)$：ディラックのデルタ関数

*10　u：エネルギ密度，T：絶対温度，k：ボルツマン定数 $= 1.381 \times 10^{-23}$ [J/K]

*11　$a = 4\sigma/c$，ここに，c：真空中の光速

*12　σ：シュテファン・ボルツマン定数 $= 56.7$ [nW/(m²K⁴)]

（注）固体の弾性振動は本質的には有限個の原子で構成された離散モデルで表される振動（有限自由度）であるのに対して，空洞中の輻射は電磁波の連続体的な振動（無限自由度）である．

D.5 各種振動数での電磁波と弾性振動

各種振動数レベルでの電磁波と弾性振動（ここでは広い意味で解釈する）の例を下に示す．両者の共鳴現象（特定の振動数でのみ強く相互作用する現象）は原子レベルの分析に活用されている．分析結果の表示には，波数や波長やエネルギレベルが用いられるが，これらはすべて，振動数に変換できる（付録E.6参照）．

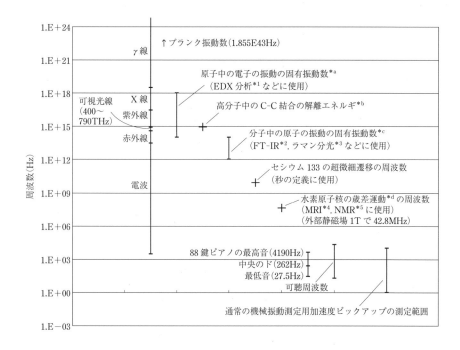

- *1　Energy Dispersive X-ray Spectroscopy
- *2　Fourier Transform Infrared Spectroscopy
- *3　Raman Spectroscopy
- *4　Magnetic Resonance Imaging
- *5　Nuclear Magnetic Resonance Spectroscopy

*a 原子中の電子は原子核の正電荷に引きつけられながら運動しているので，その運動は'ばね'に繋がれた質点の一種の弾性振動と解釈することができる．この固有振動数は電子を引きつけている原子核の電荷，すなわち原子の種類によって決まるので，これを検出できれば対象物中に存在する原子の種類の識別などに利用できる．

*b 高分子中の一本のC–C結合を切断するために必要とされるエネルギは578 zJ/bond (3.17 eV) で，このエネルギ値は波数29000 cm^{-1}，波長344 nm，振動数872 THzに相当する．この振動数レベル以上の高エネルギの電磁波の照射により高分子切断が生じ得ることになる．

*c 分子を構成する原子を質点，原子間結合をバネと考えると，分子は多自由度のバネ質量系となる．この固有振動数は，分子構造によって決まるので，分子構造の識別に使用できる．

*d 自転による角運動量と磁気双極子モーメント（小さな棒磁石の性質）を持つ原子核が，静磁場を印加することにより，この磁場方向に対して傾きながら固有の周波数で，'こま'の首振り運動のような回転運動をする現象．静磁場印加状態において，さらに電磁波を加え，この歳差運動と共鳴**させて，原子レベルの情報を取り出す．

> ** ここではイメージ明確化のため古典力学的な言葉を用いた．量子力学の言葉では，このような物質と電磁波との間の相互作用は，物質を構成する粒子（原子核と電子）が飛び飛びのエネルギ値を持つ固有状態の間を遷移するときに，特定の周波数の電磁波のつぶ（すなわち特定のエネルギを有する光子：フォトン）を吸収あるいは放出する現象として表現される．

D.6 マクスウェル応力

電磁力は遠隔作用力だろうか，それとも近接作用力だろうか．結論としては，電磁気現象の根本原理であるマクスウェルの理論により，近接作用力であることがわかっている．

クーロンの法則では，荷電粒子の間に働く力は，粒子の間に直接働く遠隔作用力であるかのように表現されている．しかし，実際には，荷電粒子から発生した力は，空間中を順次伝わって相手の荷電粒子にまで到達する．ここで，空間は弾性体のごとく，力を伝える働きをする．この空間中の力の伝播のようすは，マクスウェル応力と呼ばれる量を用いて定量化できる．

マクスウェル応力Tは，その成分T_{ij}が次の式で定義される量である．

$$T_{ij} = \varepsilon E_i E_j + B_i B_j/\mu - \delta_{ij}(\varepsilon E^2 + B^2/\mu)/2 \qquad (D.1)$$

ここに，ε：誘電率，μ：透磁率，$E_i (i=x, y, z)$：電界（電場）の成分，$B_i (i=x, y, z)$：磁束密度（磁場）の成分，E：電場の大きさ$=(E_x^2 + E_y^2 + E_z^2)^{1/2}$，

B:磁場の大きさ$=(B_x^2+B_y^2+B_z^2)^{1/2}$ である.

まず,マクスウェル応力のうちの電場Eによる成分を考える.電場Eの方向にx軸を取れば,式(D.1)のせん断応力成分は消えて,電場Eによるマクスウェル応力は,

$$\begin{bmatrix} T_{xx} & T_{xy} & T_{xz} \\ T_{yx} & T_{yy} & T_{yz} \\ T_{zx} & T_{zy} & T_{zz} \end{bmatrix} = \frac{\varepsilon E^2}{2} \begin{bmatrix} 1 & 0 & 0 \\ 0 & -1 & 0 \\ 0 & 0 & -1 \end{bmatrix} \tag{D.2}$$

同様に,磁場Bの方向にx軸を取れば,磁場Bによるマクスウェル応力は,

$$\begin{bmatrix} T_{xx} & T_{xy} & T_{xz} \\ T_{yx} & T_{yy} & T_{yz} \\ T_{zx} & T_{zy} & T_{zz} \end{bmatrix} = \frac{B^2}{2\mu} \begin{bmatrix} 1 & 0 & 0 \\ 0 & -1 & 0 \\ 0 & 0 & -1 \end{bmatrix} \tag{D.3}$$

となる.

【例題D.1】 電極間に作用するマクスウェル応力と静電力

電極の間に働く静電力は,マイクロマシンの駆動力などとして多用されている.この電極間静電力の問題を考える.対抗面の面積がAの二つの電極がギャップℓで置かれている.両電極間に電圧Vを加えたときに,両電極間に働く引力Fの式をマクスウェル応力の式を用いて求めよ.ギャップの間の空間は真空とする.

【解答D.1】 電場Eの値は,付録D.2より,$E=V/\ell$となる.したがって,式(D.2)より,電極間の空間に次のマクスウェル応力T_{xx}が生じる.

$$T_{xx} = \varepsilon_0(V/\ell)^2/2 \tag{D.4}$$

ここに,ε_0は真空中の誘電率である.電極の間の空間に,この引張りのマクスウェル応力が発生するため,この空間は縮もうとして,空間の両側にある電極に,互いを引きよせる方向の力を発生させることになる.

電極の間のギャップ量ℓが均一なら,マクスウェル応力T_{xx}も均一になるから,電極間に働く力Fは,T_{xx}に電極面積Aをかけて

$$F = A\varepsilon_0(V/\ell)^2/2 \tag{D.5}$$

となる.

【例題 D.2】 マクスウェル応力と電界と磁界の強さの換算

マクウェル応力が $0.1\,\mathrm{MPa}$ となるような電場と磁場の強さを求めよ．ただし，誘電率と透磁率は真空中の値を用いる．

【解答 D.2】

マクスウェル応力 T_{xx}	電界 $E_x = (2T_{xx}/\varepsilon_0)^{1/2}$	電束密度 $D_x = (2\varepsilon_0 T_{xx})^{1/2}$	磁束密度 $B_x = (2\mu_0 T_{xx})^{1/2}$	磁界 $H_x = (2T_{xx}/\mu_0)^{1/2}$
$0.1\,\mathrm{MPa}$ (約1気圧)	$150.3\,\mathrm{MV/m}$* $= 1\,\mathrm{V}/6.65\,\mathrm{nm}$	$1.330\,\mathrm{mC/m^2}$ $= 1\,\mathrm{electron}/(10.98\,\mathrm{nm})^2$	$0.501\,\mathrm{T}$ $= 5.01\,\mathrm{kG}$	$399\,\mathrm{kA/m}$ $= 5.01\,\mathrm{kOe}$

* 大気中のマクロ現象としては，$3\,\mathrm{MV/m}\,(40\,\mathrm{Pa})$ 程度以上の電界で放電が生じてしまう．

事例 D.1 荷電粒子の周囲の空間に生じるマクスウェル応力分布

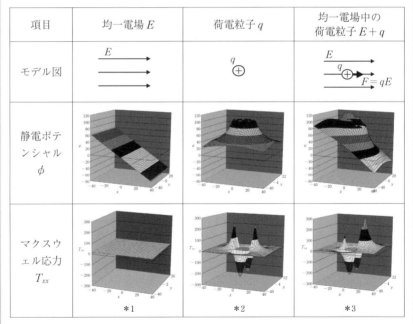

*1 均一電場の作用している空間には，均一なマクスウェル応力が生じている．
*2 外部からの電場のない空間に置かれた，荷電粒子の周囲の空間に生じるマクスウェル応力は対称となるため，その合力として粒子に作用する力は0となる．
*3 外部電場の中に置かれた荷電粒子の周囲の空間に生じるマクスウェル応力は，非対称となるため，その合力として粒子には，電場方向の力が作用する．

マクスウェル応力は，その各成分の力の方向の定義は材料力学における通常の応力と同じであるが，通常の応力とは別物であることに注意すべきである．マクスウェル応力は，空間中に生じ，通常の応力は物質中に生じる．マクスウェル応力による空間中の力伝達の結果として，電荷や電流に力が加わり，この力によって，物質中に通常の応力が発生することになる*．

演習 D.1　電磁波と弾性波のそれぞれの伝播を支配する微分方程式を調べ，その対応関係を示せ．

演習 D.2　ローレンツ力の式とファラデーの電磁誘導の式を調べ，マクスウェル応力の式との関係を調べよ．

演習 D.3　圧電効果と磁歪効果を表す式を調べよ．

---

*　電磁場中の誘電体や磁性体の応力を求めるためには，さらに，圧電効果*[a]や，電歪効果*[b]，磁歪効果*[c]を考慮した解析が必要になる場合もある．

*[a]　ある種の誘電体（圧電体）では，結晶中の正負イオンの位置の非対称性によって，外部電界によって，電界の強さに比例したひずみを生じる．また，同じ材料にひずみを加えると分極を生じる．この効果を圧電効果（piezoelectric effect）と呼ぶ．

*[b]　正負イオン位置の対称な物質では，原子間結合バネの非調和性によって，電場の二乗に比例した，ひずみを生じる．これを電歪効果（electrostrictive effect）と呼ぶ．発生ひずみは，圧電の場合と比べると通常小さい．

*[c]　磁性体に外部磁界を加えると，ひずみを生じる．この効果を磁歪効果（magnetostrictive effect）と呼ぶ．

事例 D.2　各種マクスウェル応力と通常の応力・圧力のレベル比較

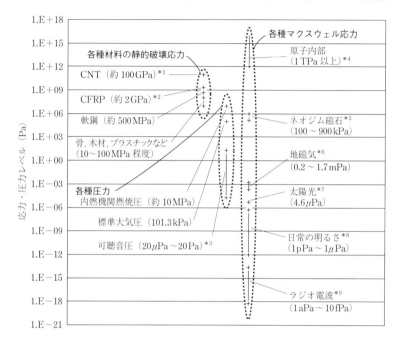

- *1　Carbon Nano Tube の理想強度
- *2　Cabon Fiber Reinforced Polymer の引張り強度の例
- *3　音圧のレベル Lp は，通常，単位 [dB] で表される．この場合，可聴音圧範囲 $Lp=0\sim120$ [dB] で，これを単位 [Pa] での音圧 p に変換するには，式：$p=p_0 \cdot 10^{(Lp/20)}$ を用いる．ここに，p_0 は基準音圧値であり，2×10^{-5} Pa である．
- *4　水素原子の例を取り上げる．原子核（電荷 $e=1.602\times10^{-19}$ [C]）と電子（電荷 $-e$）の間の中間位置に生じる電界を考えると，$E=2e/[4\pi\varepsilon_0(r_0/2)^2]$．ここで，$\varepsilon_0$：真空の誘電率 $=8.85\times10^{-12}$ [F/m]，r_0：両粒子の間隔で，水素原子の原子半径（ボーア半径）0.529×10^{-10} [m] を用いると，$E=4.12\times10^{12}$ [V/m]．これを本文の式 (D.2) に代入すると，マクスウェル応力 $T_{xx}=7.51\times10^{13}$ [Pa]．
- *5　ネオジム磁石の飽和磁束密度は $0.6\sim1.5$ T 程度なので，これを本文の式 (D.3) に代入（真空の透磁率 $\mu_0=1.257\times10^{-6}$ [H/m] を用いる）すると，マクスウェル応力 $T_{xx}=1.4\sim9\times10^5$ [Pa]．
- *6　$24\sim66\mu$T
- *7　電磁気学によれば，電磁波が伝播するとき，その進行方向に圧縮のマクスウェル応力 $T_{xx}=-w/c$ が運ばれる．ここに，w は輻射パワー密度 [W/m^2]，c は光速 3.00×10^8 [m/s] である．地球に到達する太陽光の輻射パワー密度 $w=1370$ [W/m^2] を上式に代入すると，マクスウェル応力 $T_{xx}=-4.6\times10^{-6}$ [Pa] となる．

*8 明るさ（照度 L）は単位 [lx]（ルクス）で表される．1lx は，可視周波数の中央 540THz の光（電磁波）が $1/683\,\mathrm{W/m^2}$ の輻射パワー密度 w で照射したときの明るさである．明るさは人間の目の感度に依存するため，同じ明るさ L であっても，周波数によって輻射パワー密度 w は異なる．ここでは，540THz の単色光を仮定してみる．日常の明るさとしては，晴天の昼間（200000lx）から月明かりの夜中（0.2lx）を考える．これは上記換算によって，$w=3\times10^{-4}\,[\mathrm{W/m^2}]\sim3\times10^{2}\,[\mathrm{W/m^2}]$．これを前記 *7 に示した式に代入して，マクスウェル応力 $T_{xx}=-w/c=-1\times10^{-12}\sim-1\times10^{-6}\,[\mathrm{Pa}]$ となる．

*9 放送電波の電界の強さのレベル L_E は単位 [dBμ] で表されることが多い．これを単位 [V/m] での電界 E に変換するには，式：$E=E_\mathrm{o}\cdot10^{(L_E/20)}$ を用いる．ここに，E_o は基準電界値であり，$1\times10^{-6}\,\mathrm{V/m}$ である．日本における NHK の AM 放送の例で考えると，$L_E=48\sim94\,[\mathrm{dB}\mu]$ で，これを上式に代入すれば，電界 $E=2.51\times10^{-4}\sim5.01\times10^{-2}\,[\mathrm{V/m}]$，これによる輻射パワー密度 $w=\varepsilon_\mathrm{o}E^2c=1.67\times10^{-10}\sim6.7\times10^{-6}\,[\mathrm{W/m^2}]$ となり，これによるマクスウェル応力 $T_{xx}=-w/c$ は，約 $-10^{-18}\sim-10^{-14}\,[\mathrm{Pa}]$ となる．

付録E 単 位

　普段なにげなく使っている単位の成り立ちを考えてみることは興味深い．基本単位の定義は，より安定な基準を求めて変化してきた．各種物理現象を基にした定義のなかで，質量だけが，いまだに，原器（フランスにある国際度量衡局で厳重に保管されている）を基準にして決められている*．

E.1 SI基本単位

No.	量	単位の名称	単位記号	定義
1	質量	キログラム	kg	国際キログラム原器の質量
2	時間	秒	s	セシウム133の原子の基底状態の二つの超微細順位の間の遷移に対応する放射の9 192 631 770周期の継続時間
3	長さ	メートル	m	1/299 792 485秒の時間に光が真空中を進む長さ
4	電流	アンペア	A	真空中に1メートルの間隔で平行に置かれた無限に小さい円形断面積を有する無限に長い2本の直線状導体のそれぞれを流れ，これらの導体の長さ1メートルごとに2×10^{-7}ニュートンの力を及ぼし合う一定の電流
5	温度	ケルビン	K	水の三重点の熱力学温度の1/273.16
6	物質量	モル	mol	0.012キログラムの炭素12の中に存在する原子の数と等しい要素数を含む系の物質量
7	光度	カンデラ	cd	周波数540×10^{12}ヘルツの単色放射を放出し，所定の方向におけるその放射強度が1/683ワット毎ステラジアンである光源の，その方向における光度

＊　2018年に計画されている改訂では，質量kgも物理現象から定義される予定である．

E.2 角度を表すSI組立単位

No.	量	単位の名称	単位記号	基本単位による表現	定義
1	角度	ラジアン	rad	m/m	1radは,円の周上でその半径の長さに等しい長さの弧を切り取る2本の半径の間に含まれる角度*1
2	立体角	ステラジアン	sr	m²/m²	1srは,球の中心を頂点とし,その球の半径を一辺とする正方形の面積と等しい面積をその球の表面上で切り取る立体角*2

*1 1回転 $= 2\pi$ [rad]   *2 全方位 $= 4\pi$ [sr]

E.3 代表的なSI組立単位

No.	量	単位の名称	固有単位	定義	別の表現
1	セルシウス温度 θ	セルシウス度	℃	*1	
2	周波数 ν	ヘルツ	Hz	s^{-1}	
3	力 F	ニュートン	N	$kg \cdot m/s^2$	$1\,N = 10^5\,dyne$
4	圧力 p・応力 σ	パスカル	Pa	N/m^2	$1\,Pa = 10\,dyne/cm^2$
5	エネルギ・仕事・熱量	ジュール	J	$N \cdot m$	$J = V \cdot s \cdot A$
6	パワー P(仕事率,動力,電力)・放射束	ワット	W	J/s	$W = V \cdot A$
7	電荷 q	クーロン	C	$A \cdot s$	
8	電位 ϕ・電圧・起電力	ボルト	V	W/A	$V = J/C$
9	静電容量 C	ファラド	F	C/V	$F = J/V^2$
10	電気抵抗 R	オーム	Ω	V/A	$\Omega = W/A^2$
11	コンダクタンス	ジーメンス	S	A/V	$S = W/V^2$
12	磁荷 q_m・磁束 Φ	ウェーバー	Wb	$V \cdot s$	$Wb = J/A$
13	インダクタンス L	ヘンリー	H	Wb/A	$H = V \cdot s/A = J/A^2$
14	磁束密度 B, 磁化 M	テスラ	T	Wb/m^2	$T = V \cdot s/m^2 = Wb \cdot m/m^3 = N/(A \cdot m)$
15	ベクトルポテンシャル A			Wb/m	$T \cdot m = V \cdot s/m$
16	電界 E			V/m	$J/(C \cdot m) = N/C$
17	磁界 H			A/m	$J/(Wb \cdot m) = N/Wb$
18	電束密度 D, 誘電分極 P			C/m^2	$C \cdot m/m^3$
19	磁気双極子モーメント m			$Wb \cdot m$ *2	

No.	量	単位の名称	固有単位	定義	別の表現
20	電気双極子モーメント p			C·m *3	
21	放射能	ベクレル	Bq	s^{-1} *4	
22	吸収線量	グレイ	Gy	J/kg *5	
23	線量等量	シーベルト	Sv	*6	
24	触媒活性	カタール	kat	*7	

*1 ℃で表される温度の数値は，K で表される温度の数値から 273.15 を減じたもの．

*2 原子はスピンと呼ばれる性質によって磁気双極子（一種の小さな磁石）となっている．近年，このスピンの挙動を外部磁界でコントロールし原子レベルの情報を取り出す手法が進歩し，医療 MRI など各種分野に活用されるようになってきている．詳細は専門書を参照されたい．ここでは，磁気双極子のエネルギ U について簡単に説明しておく．磁界 H 中の磁気双極子モーメント m の磁気双極子のエネルギは $U=-mH\cos\theta$（ここに θ は双極子の磁界となす角度）となる．磁界中で双極子はエネルギの低い $\theta=0$ の方向（磁界方向）を向こうとすることになる．磁気双極子モーメントの単位として別の定義 [J/T] も用いられ，混乱のもととなっている．この場合のモーメントを μ_m と記せば，エネルギは $U=-\mu_m B\cos\theta$ となる．$B=\mu_0 H$ の関係から，μ_m と m との関係は，$m=\mu_0\cdot\mu_m$，となる．ここに，μ_0 は真空中の透磁率である．

*3 原子レベルでは，デバイ [D] が用いられることも多い（$1\mathrm{D}=3.34\times 10^{-30}$ Cm）．

*4 単位時間に生じる放射性壊変の回数．

*5 物体が放射線から受ける単位質量当たりのエネルギ．

*6 Gy で表される吸収線量の数値にその放射線の線質係数（放射線の種類ごとに決められた人体の障害の受けやすさ）を乗じたもの．

*7 一秒につき 1 モルの基質の化学反応を促進する触媒の活性

E.4 単位の接頭語

名称	記号	大きさ	名称	記号	大きさ
ヨタ（yotta）	Y	10^{24}	デシ（deci）	d	10^{-1}
ゼタ（zeta）	Z	10^{21}	センチ（centi）	c	10^{-2}
エクサ（exa）	E	10^{18}	ミリ（mili）	m	10^{-3}
ペタ（peta）	P	10^{15}	マイクロ（micro）	μ	10^{-6}
テラ（tera）	T	10^{12}	ナノ（nano）	n	10^{-9}
ギガ（giga）	G	10^{9}	ピコ（pico）	p	10^{-12}
メガ（mega）	M	10^{6}	フェムト（femto）	f	10^{-15}
キロ（kilo）	k	10^{3}	アト（atto）	a	10^{-18}
ヘクト（hecto）	h	10^{2}	ゼプト（zepto）	z	10^{-21}
デカ（deca）	da	10^{1}	ヨクト（yocto）	y	10^{-24}

E.5 重要な物理定数

No.	量	記号	概略値[*1]
1	標準重力加速度	g	$9.81\,\text{m/s}^2$ [*2]
2	真空中の光の速度	c	$3.00 \times 10^8\,\text{m/s} = 300\,\text{Mm/s}$
3	電子の電荷	e	$1.602 \times 10^{-19}\,\text{C} = 160.2\,\text{zC}$
4	プランク定数	h	$6.63 \times 10^{-34}\,\text{Js}$
5	原子質量単位	u	$1.661 \times 10^{-27}\,\text{kg}$
6	アボガドロ定数	N_A	$10^{-3}\,\text{kg}\cdot\text{mol}^{-1}/u = 6.02 \times 10^{23}\,\text{mol}^{-1}$
7	ファラデー定数	F	$e \cdot N_A = 9.65 \times 10^4\,\text{C/mol}$
8	電子の質量	m_e	$9.11 \times 10^{-31}\,\text{kg}$
9	ボーア半径	a_B	$0.529 \times 10^{-10}\,\text{m} = 52.9\,\text{pm}$
10	ボルツマン定数	k	$1.381 \times 10^{-23}\,\text{J/K} = 0.01381\,\text{zJ/K}$
11	気体定数	R	$kN_A = 8.31\,\text{J/(mol}\cdot\text{K)}$
12	シュテファン-ボルツマン定数	σ	$5.67 \times 10^{-8}\,\text{W/(m}^2\cdot\text{K}^4) = 56.7\,\text{nW/(m}^2\cdot\text{K}^4)$
13	万有引力定数	G	$6.67 \times 10^{-11}\,\text{m}^3/(\text{s}^2\cdot\text{kg})$
14	電子の磁気モーメント	μ_e	$9.28 \times 10^{-24}\,\text{J/T} = 9.28\,\text{yJ/T}$
15	陽子（水素の原子核）の磁気モーメント	μ_p	$1.411 \times 10^{-26}\,\text{J/T} = 0.01411\,\text{yJ/T}$
16	真空中の透磁率	μ_o	$4\pi \times 10^{-7}\,\text{H/m} = 1.257 \times 10^{-6}\,\text{H/m}$ $= 1.257\,\mu\text{H/m}$
17	真空中の誘電率	ε_o	$1/(\mu_\text{o} \cdot c^2) = 8.85 \times 10^{-12}\,\text{F/m} = 8.85\,\text{pF/m}$

[*1] より桁数の多い正確な値については，便覧等を参照．
[*2] 国際的な標準値が決められている．実際の重力加速度は，地球上の位置によって，赤道付近における $9.78\,\text{m/s}^2$ 程度から北極付近における $9.83\,\text{m/s}^2$ 程度まで変化する．

E.6 原子レベル解析で重要なエネルギ単位の換算

単位は，SI単位を使うことで，統一されてきている．ただし，従来の文献などを読む際には，各種単位が出てくるので，これらの文献に出てくる値が，どのようなレベルにあるかを，即座に把握できるようにするためには，いくつ

かの重要な換算の概略値を覚えておくことが有効である．

原子レベルでのエネルギとしては，1eVオーダーのエネルギがよく出てくるので，これを基準にして，各種単位で表すと

$$(160.2\,\mathrm{zJ})$$
$$\boxed{1\,\mathrm{eV} = 1.602 \times 10^{-19}\,\mathrm{J} = 96.4\,\mathrm{kJ/mol} = 27.1\,\mathrm{kcal/mol}} \qquad (\mathrm{E6.1})$$

また，原子レベル特有の単位であるハートリー単位における単位エネルギは，しばしば1a.u.（又は1Eh）と表記される．このエネルギは，次のように換算される．

$$(4360\,\mathrm{zJ})$$
$$\boxed{1\,\mathrm{a.u.} = 2\,\mathrm{Ry} = 27.2\,\mathrm{eV} = 4.36 \times 10^{-18}\,\mathrm{J}} \qquad (\mathrm{E6.2})$$

ここに，Ryはもう一つの原子単位であるリュードベリ単位を表す．リュードベリ単位も，a.u.で表されることがあるので，注意が必要である．

原子レベルの状態を直接観察することは困難であるが，電磁波を用いて，原子の振動状態を測定する手法[*1]が発達してきており，この結果は，原子レベルの状態を推定するための重要な手がかりを提供してくれる．分子中の原子は，$10^{13}\,\mathrm{Hz}$のオーダーの振動数で振動しているので，これを基準として，これと相互作用する電磁波の波数，エネルギとの対応関係を次に示す．

$$(\text{波長}\,30\,\mu\mathrm{m}) \qquad (6.63\,\mathrm{zJ})$$
$$\boxed{10^{13}\,\mathrm{Hz} : 333\,\mathrm{cm}^{-1} : 41.3\,\mathrm{meV} : 6.63 \times 10^{-21}\,\mathrm{J}} \qquad (\mathrm{E6.3})$$

（振動数ν）（波数$\bar{\nu}$）[*2]   [*3]

[*1] 分光学と呼ばれる学問の中で各種手法が研究されている．ラマン分光法については，本文2.4節の事例で述べた．その他にも様々な手法がある．詳しくは，専門書[12]を参照されたい．

[*2] 電界Eの変動を単純な正弦波で考える．
$$E = a \cdot \sin(2\pi(\bar{\nu}x - \nu t)) \qquad (\mathrm{E6.4})$$
ここに，aは振幅，$\bar{\nu}$は波数（単位長さ当たりの波の数 $= 1/\lambda$：波長λの逆数），νは振動数である．
上式は，次のように表すこともできる．

$$E = a \cdot \sin(2\pi\tilde{\nu}(x - ct)) \tag{E6.5}$$

この式は，この波が，速度 c で伝播することを示している．

式（E6.4）と（D6.5）の対応から，次の関係が求まる．

$$\nu = c \cdot \tilde{\nu} \tag{E6.6}$$

電磁波の場合，真空中の速度 c は一定（光速 3.00×10^{10} cm/s）であるから，振動数 ν[Hz] と波数 $\tilde{\nu}$[cm^{-1}] の間には，式（E6.3）で示したような対応が生じる．$\tilde{\nu}$ の単位は，SI単位系では本来[m^{-1}]であるが，慣習で[cm^{-1}]が使われており，「カイザー」と呼ばれることもある．

上記'波数' $\tilde{\nu}$ は分光学の分野でよく用いられるが，一方，固体物理などの分野では，呼び名は同じ'波数'であっても，少し違った定義の量が用いられているので注意を要する．この波数の記号には，通常 k が用いられる．この'波数' k は，前記式（E6.4）と（D6.5）をさらに，次のように表すことにより理解できる．

$$E = a \cdot \sin(kx - \omega t) = a \cdot \sin(k(x - ct)) \tag{E6.7}$$

この式と式（E6.4），式（D6.5）との対応より，

$$\omega = c \cdot k \tag{E6.8}$$
$$\omega = 2\pi\nu \tag{E6.9}$$
$$k = 2\pi\tilde{\nu} \tag{E6.10}$$

の関係があることがわかる．

*3 電磁波は，物質とある一塊のエネルギを単位として相互作用を行なうという粒子のような性質も示す．そこで，この一粒一粒は，光子（フォトン）と呼ばれる．光子のエネルギ ε は，量子力学によれば，次の式で表される．

$$\varepsilon = h\nu \tag{E6.11}$$

ここに，h はプランク定数（6.63×10^{-34} J·s）である．

上の式から，振動数 ν とエネルギ ε の間に式（E6.3）で示したような対応が生じる．

付録F　ギリシャ文字の読み方

　ギリシャ文字は，理工系の書物に頻繁に出現する．それにもかかわらず，学校で正式に習うことはないので，読み方がうろ覚えの場合も多い．ここで確認のため，まとめておく．

大文字	小文字	英語綴り	英語発音記号	日本での一般的読み方
A	α	alpha	ǽlfə	アルファ
B	β	beta	béitə, bíːtə	ベータ
Γ	γ	gamma	gǽmə	ガンマ
Δ	δ	delta	déltə	デルタ
E	ε	epsilon	épsəlàn, épsələn, epsáilən	イプシロン（エプシロン）
Z	ζ	zeta	zéitə, zíːtə	ツェータ（ゼータ）
H	η	eta	éitə, íːtə	イータ（エータ）
Θ	θ	theta	θéitə, θíːtə	シータ
I	ι	iota	aióutə	イオータ
K	κ	kappa	kǽpə	カッパ
Λ	λ	lambda	lǽmdə	ラムダ
M	μ	mu	mjuː	ミュー
N	ν	nu	nuː, njuː	ニュー
Ξ	ξ	xi	zai, sai, gzai	グザイ（クシー）
O	o	omicron	áməklàn, oumàiklən	オミクロン
Π	π	pi	pai	パイ
P	ρ	rho	rou	ロー
Σ	σ	sigma	sígmə	シグマ
T	τ	tau	toː, tau	タウ

（次ページへ続く）

大文字	小文字	英語綴り	英語発音記号	日本での一般的読み方
Υ	υ	upsilon	júːpsilàn, júːpsilən, juːpsáilən	ウプシロン (ユプシロン)
Φ	φ, ϕ	phi	fai	ファイ
Χ	χ	chi	kai	カイ
Ψ	ψ	psi	sai, psai	プサイ
Ω	ω	omega	ouméɡə, oumíːɡə, ouméiɡə, óumiɡə	オメガ

付録 G　数学公式

材料力学を学ぶ上で役立つ基本的な数学公式をいくつか紹介しておく．

G.1　テイラー展開と線形近似

No.	名称	公式
1	テイラー展開 (Taylor expansion)	$f(x) = f(a) + f'(a)(x-a) + f''(a)(x-a)^2/2 + \cdots\cdots$ *a （ここで $f'(x) = \mathrm{d}f(x)/\mathrm{d}x,\ f''(x) = \mathrm{d}^2 f(x)/\mathrm{d}x^2,\ \cdots\cdots$）
2	正接 (tangent)	$\tan\theta \fallingdotseq \theta$ （角度の絶対値 $\|\theta[\mathrm{rad}]\| \ll 1$ のとき）
3	正弦 (sine)	$\sin\theta \fallingdotseq \theta$ （同上）

*a　$(x-a)$ が充分小さければ，展開項のうちの二次項以下は省略でき，関数 $f(x)$ の線形近似が可能となる．材料力学の各種公式を導く際には，この線形近似が活用されている（もちろん，関数 $f(x)$ は充分なめらかであり，微分可能であることが前提とされている）．

G.2　よく使われる関数の記号と定義または公式

No.	名称	記号と定義（括弧 { } 内は公式）
1	指数関数[*1]	$\exp x = e^x$ [*9]　$\{e^x = (10^{\log_{10} e})^x \fallingdotseq 10^{0.4343 x}\}$
2	双曲線正弦関数[*2]	$\sinh x = (e^x - e^{-x})/2$
3	双曲線余弦関数[*3]	$\cosh x = (e^x + e^{-x})/2$
4	ガウス分布[*4]（又は正規分布） $N(\mu, \sigma^2)$ の確率密度関数	$f(x) = 1/(\sqrt{2\pi}\,\sigma) \exp\bigl(-(x-\mu)^2/(2\sigma^2)\bigr)$ [*10] {平均誤差 $= \int_{-\infty}^{\infty} \|x-\mu\| f(x) \mathrm{d}x = \sqrt{2/\pi}\,\sigma \fallingdotseq 0.798\sigma$}
5	常用対数[*5]	$\lg x = \log_{10} x$
6	自然対数[*6]	$\ln x = \log_e x$　$\{\ln x = \log_e 10 \log_{10} x \fallingdotseq 2.303 \lg x\}$
7	オイラーの公式[*7]	$\{\exp(i\theta) = \cos\theta + i\sin\theta\}$ [*11]
8	倍角公式[*8]	$\{\cos^2\theta = 1/2 + (1/2)\cos 2\theta,\ \sin^2\theta = 1/2 - (1/2)\cos 2\theta,\ \cos\theta\sin\theta = (1/2)\sin 2\theta\}$

*1 exponential function, *2 hyperbolic sine function, *3 hyperbolic cosine function, *4 Gaussian distribution, *5 common logarithm, *6 natural logarithm, *7 Euler's formula, *8 double-angle formulae of trigonometric functions：モールの応力円の導出に用いられる. *9 e：ネイピア数（Napier's constant）又は自然対数の底 (base of natural logarithm) = 2.718……, *10 μ と σ：平均（mean）と標準偏差（standard deviation）, *11 i：虚数単位（imaginary unit）

G.3 基本的な微積分公式

No.	公式
1	$d/dx(x^\alpha) = \alpha x^{\alpha-1}$, $\int x^\alpha dx = x^{\alpha+1}/(\alpha+1) + C$ （積分では $\alpha \neq -1$）
2	$d/dx(\ln x) = 1/x$, $\int x^{-1} dx = \ln|x| + C$
3	$d/dx(e^{\alpha x}) = \alpha e^{\alpha x}$, $\int e^{\alpha x} dx = e^{\alpha x}/\alpha + C$
4	$\int_{-\infty}^{\infty} \exp(-\alpha x^2) dx = \sqrt{\pi/\alpha}$

G.4 フーリエ変換公式 (Fourier transformation formula)

No.	名称	もとの関数 $f(x)$ *1	フーリエ変換した関数 $F(k)$ *2
1	基本式	$f(x) = \frac{1}{2\pi}\int_{-\infty}^{\infty} F(k)\exp(ikx)dk$	$F(k) = \int_{-\infty}^{\infty} f(x)\exp(-ikx)dx$
2	ガウス関数	$f(x) = \exp(-\alpha x^2)$	$F(k) = \sqrt{\pi/\alpha}\exp(-k^2/(4\alpha))$ *3
3	実空間シフト	$f(x-a)$	$\exp(-iak)F(k)$
4	波数空間シフト	$\exp(iax)f(x)$	$F(k-a)$

*1 実空間（real space）での表現

*2 波数空間（k-space）での表現. 波数 k は，分光学における波数 $\bar{\nu}$（付録 E.6 参照）と $k = 2\pi\bar{\nu}$ の関係がある. $F(k)$ は，実関数を正弦波の重ねあわせに分解したときの波数 k の波の振幅と解釈できる. 波数空間は，固体物理学では，逆格子空間とも呼ばれる. また，量子力学では，波動関数における波数 k の波を考えると，$\hbar k$（ここに，$\hbar$：ディラック定数 = $h/(2\pi)$，h：プランク定数）が運動量になるため，運動量空間とも呼ばれる. また，フーリエ変換は，実時間軸と周波数軸での表現の間の変換にも使われる.

*3 上表 No.2 より実空間（位置）と波数空間（運動量）での標準偏差は，反比例することがわかる. これは，量子力学における不確定性関係の一つの表現と考えることができる.

G.5 場とテンソル

No.	名称	説明	例
1	場（ば）*1	物理量が空間に分布している状態	スカラー場，ベクトル場，テンソル場
2	スカラー*2	大きさのみで表される量	電位，温度
3	ベクトル*3	大きさと方向を持つ量 矢印で表される	位置，速度，加速度，変位，力，電界，電束密度，磁界，磁束密度，電流密度，物質流束
4	テンソル*4	互いに直交する複数の矢印（主値と主方向）で表される*b ・行列で表される ・二種類のベクトルの間の線形変換関係を表す	応力，ひずみ，断面二次モーメント，慣性モーメント，熱伝導率，電気伝導度，固有抵抗，誘電率，透磁率
5	4階テンソル*5 *a	二種類のテンソル間の線形変換関係を表す量	弾性定数，ピエゾ抵抗係数

*1 field, *2 scalar, *3 vector, *4 tensor, *5 rank-4 tensor or order-4 tensor

*a テンソルの要素の添え字の組の数を階数と呼ぶ．このことから，スカラーは0階テンソル，ベクトルは1階テンソルと考えることができる．通常のテンソルは2階テンソルとなる．

*b 正確には実対称テンソルの場合の性質である．通常，工学に現れる重要なテンソル量は実対称テンソルである．

付録H　ランダム振動による疲労の寿命予測公式

複雑な波形の加振負荷に対する疲労が問題となる装置は多い．例えば，自動車，飛行機，ロケットなどの部品が使用時に受ける加速度負荷の問題などが挙げられる．こうした負荷はランダム振動として取り扱うのが妥当である．ランダム振動に対する振動応答とその疲労寿命評価は複雑な問題となりやすい．ここでは，対象をモデル化することにより簡単化した近似公式と計算の事例を紹介しておく．

No.	項目	内容
1	構造体の振動応答モデル	(1) 対象構造体の振動応答変位 x は，線形一自由度モデルで表されるとする．すなわち，運動方程式は， $$m d^2x/dt^2 + r dx/dt + Kx = -ma(t) \quad (H.1)$$ ここで，m：質量，r：減衰係数，K：ばね定数，$a(t)$：加振加速度．このとき，固有角振動数 $\omega_0 = \sqrt{K/m}$，固有振動数 $\nu_0 = \omega_0/(2\pi)$ [Hz]，減衰比 $\zeta = r/(2\sqrt{mK})$，共振倍率 $Q = 1/(2\zeta)$（$\zeta \ll 1$ のとき）となる． (2) 動的な応答によって生じる応力は，上記式（H.1）を解いて得られる応答変位 x に比例して生じ，その値は， $$\sigma = S_a \cdot (K/m) \cdot x \quad (H.2)$$ で表されるとする．ここで，S_a は，対象構造によって決まる係数である．この係数は，一自由度系では，一定加速度 a_{st} による静的慣性力によって生じる静的応力 σ_{st} を単位加速度あたりの値として表したもの，すなわち， $$S_a = \sigma_{st}/a_{st} \quad (H.3)$$ となる[*1]．
2	ランダム加振条件	加振加速度 $a(t)$ は，構造体の固有振動数 ν_0 をその帯域に含む平均値が0の広帯域定常ガウス過程[*3]であり，ν_0 におけるパワースペクトル密度[*2]は $W_0 [(m/s^2)^2/\text{Hz}]$ である．

No.	項目	内容
3	材料の疲労特性モデル	(1) S-N 曲線は $N = (C/\sigma_a)^n$ で表されるとする（ここに, N は寿命, σ_a は応力振幅, C, n は定数）. (2) マイナー則（線形被害則）が成り立つとする.
4	寿命予測公式	(1) 等価加速度*4 は $a_{eqR} = f(n) \cdot \sqrt{\pi Q \nu_0 W_0}$ ここで, $f(n)$ は次表の値をとる n の連続関数である*5. | n | 1 | 2 | 4 | 6 | 8 | 10 | 20 | |---|---|---|---|---|---|---|---| | $f(n)$ | 0.886 | 1.000 | 1.189 | 1.348 | 1.488 | 1.614 | 2.128 | (2) 等価応力*4 は $\sigma_{eqR} = S_a \cdot a_{eqR}$ (3) 疲労被害増加の速度は $dD/dt = \nu_0 (\sigma_{eqR}/C)^n$ (4) 寿命は $t_f = 1/(dD/dt)$ となる.

*1 実際の構造体は，通常は一自由度系ではないが，ここでは，主として被害を生じる振動モードが一つである場合を対象とし，このモードについての応答を上表の式 (H.1) (H.2) で表すこととする.

*2 パワースペクトル密度（power spectral density, PSD と略記されることもある）：対象とする変動を正弦波の重ね合わせに分解したとき，周波数 ν を中心とした単位周波数範囲の成分の二乗平均を表す．周波数 ν の関数 $W = W(\nu)$ として表される.

*3 広帯域定常ガウス過程：確率過程を下図のように分類したときの一分類である.
厳密には，本寿命予測式は，加振加速度として，下図の分類のなかのホワイトガウスノイズを仮定している．しかし，ホワイトノイズでない場合であっても，パワースペクトル密度分布が対象構造体の固有振動数 ν_0 の付近で急激に変化しなければ，近似解となる場合が多い．通常の構造体は，加振の成分の中の固有振動数 ν_0 を中心とした狭い領域の成分のみに大きく応答するためである．構造体の共振倍率 Q が大きければ，実質的な振動応答を生じる周波数範囲が狭くなるため，近似精度は高くなる.

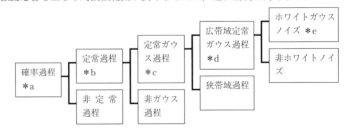

*a 確率過程：ある量が時間とともに変動する過程であって，それが確率で表されるような過程
*b 定常過程：確率分布が時間によって変化しないような過程
*c ガウス過程：確率分布がガウス分布（正規分布）であるような過程
*d 広帯域過程：広い周波数範囲の成分を含む過程
*e ホワイトノイズ：パワースペクトル密度がすべての周波数にわたって一定であるような過程

*4 ここにおける等価加速度 a_{eqR} または等価応力 σ_{eqR} は，与えられたランダム加振負荷に対して同じ疲労被害を生じるような一定振幅負荷を考えたときの，加速度または応力の振幅の値である．

*5 この関数は，$f(n) = [\Gamma(1+n/2)]^{1/n}$ で定義される．ここに，$\Gamma(\cdot)$ はガンマ関数であり，$\Gamma(x+1) = \int_0^\infty e^{-t}t^x dt$ で定義される．

【例題 H.1】 図 H.1 に示す先端集中質量を有する片持ちばりを考える．

(a) 一定加速度が加わったときの単位加速度あたりの応力 S_a を求めよ．

(b) 固有振動数 ν_0 を求めよ．

ただし，先端質量 $m = 0.6$ [kg]，はりの長さ $L = 50$ [mm]，幅 $b = 30$ [mm]，厚さ $h = 5$ [mm]，ヤング率 $E = 200$ [GPa]，はりの根本の応力集中係数 $\alpha = 1.6$* とし，はり自身の質量は小さく無視できるとする．

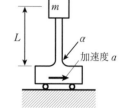

図 H.1 対象構造モデル

＊ 切欠き係数（疲労に及ぼす応力集中の影響）は α に等しいとする．

【解答 H.1】 (a) 単位加速度あたりの応力は $S_a = \sigma/a$，ここに，a は加速度，σ は応力で，応力集中係数を α とすると，$\sigma = \alpha\sigma_0$，ここで，σ_0 は公称応力で，はり理論から $\sigma_0 = M/Z$，ここに，M は曲げモーメントで $M = maL$，また Z は断面係数で $Z = bh^2/6$ となる．以上の式から，

$$S_a = 6\alpha mL/(bh^2) \tag{H.4}$$

この式に，与えられた数値を代入すれば，

$$S_a = 3.84 \times 10^7 \, [\text{Pa}/(\text{m/s}^2)] = \underline{0.384 \, [\text{MPa}/(\text{m/s}^2)]} \tag{H.5}$$

(b) 一自由度系の固有振動数 ν_0 の公式から $\nu_0 = 1/(2\pi)\sqrt{K/m}$，ここに，$K$ はばね定数で，はりの公式から $K = 3EI/L^3$，ここで，I は断面二次モーメントで，$I = bh^3/12$ となる．これらの式から，

$$\nu_0 = \frac{1}{2\pi}\sqrt{\frac{Ebh^3}{4mL^3}} \tag{H.6}$$

この式に，与えられた数値を代入すれば，

$$\nu_0 = \underline{252 \, [\text{Hz}]} \tag{H.7}$$

となる.

【例題 H.2】 図 H.1 の構造体に,図 H.2 に示すパワースペクトル密度分布のランダム加速度が負荷されるときの寿命を予測せよ.ただし,この構造体の固有振動数 $\nu_o = 252$ [Hz],共振倍率 $Q = 14$,単位加速度による発生応力 $S_a = 0.384$ [MPa/(m/s²)] とする.また,使用材料のS-N曲線を $N = (C/\sigma)^n$ で表し,寿命 N を [cycles],応力振幅 σ を [MPa] で表したとき,定数 $C = 404$ [MPa],$n = 9.91$ とする.また,前記の表にある仮定が成り立つとする.

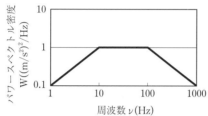

図 H.2　加振加速度のパワースペクトル密度分布の例

【解答 H.2】 図 H.2 から,固有振動数 $\nu_o = 252$ [Hz] におけるパワースペクトル密度を読み取ると,$W_o = 0.397$ [(m/s²)²/Hz] となる.次に,$n = 9.91$ の場合,前記の表の No.4 の欄の $n = 8$ と $n = 10$ の場合の $f(n)$ の値を内挿して,$f(n) = 1.608$ となる.これらの値を前記の表の No.4 の欄の公式に代入すると,
等価加速度は

$$a_{eqR} = f(n)\sqrt{\pi Q \nu_o W_o} = 1.608 \times \sqrt{3.14 \times 14 \times 252 \times 0.397}$$
$$= 106.6 \, [\text{m/s}^2] \tag{H.8}$$

等価応力は

$$\sigma_{eqR} = S_a \cdot a_{eqR} = 0.384 \times 106.6 = 40.9 \, [\text{MPa}] \tag{H.9}$$

疲労被害増加速度は

$$dD/dt = \nu_o (\sigma_{eqR}/C)^n = 252 \times (40.9/404)^{9.91}$$
$$= 3.54 \times 10^{-8} \, [\text{s}^{-1}] \tag{H.10}$$

疲労寿命予測値は

$$t_f = 1/(dD/dt) = 1/(3.54 \times 10^{-8}) = 2.82 \times 10^7 \, [\text{s}]$$
$$= 7850 \, [\text{h}] \quad (\text{H}.11)$$

となる.

【例題 H.3】 前記［例題 H.2］の負荷条件における寿命安全率 f_t と応力安全率 f_s を求めよ．ただし，目標寿命は 36 時間とする．

【解答 H.3】 寿命安全率 f_t は，与えられた目標と前問の答えから，次のようになる．

$$f_t = 予測寿命 / 目標寿命 = 7850 \, [\text{h}] / 36 \, [\text{h}] = \underline{218} \quad (\text{H}.12)$$

次に，応力安全率を考える．まず，目標繰返し数 N_t は，目標寿命に前問の固有振動数をかけて，

$$N_t = 36 \, [\text{h}] \times 3600 \, [\text{s/h}] \times 252 \, [\text{cycles/s}]$$
$$= 3.26 \times 10^7 \, [\text{cycles}] \quad (\text{H}.13)$$

この値と前問で与えられた C, n の値を，S-N 曲線の式：$N = (C/\sigma)^n$ を変形した次式に代入したものが，基準強度 σ_s の値となる．

$$\sigma_s = C N_t^{-1/n} = 404 \times (3.26 \times 10^7)^{-1/9.91} = 70.5 \, [\text{MPa}] \quad (\text{H}.14)$$

この値と，前問で求めた等価発生応力 σ_{eqR} の値から，応力安全率 f_s は，次のようになる．

$$f_s = \sigma_s / \sigma_{eqR} = 70.5 / 40.9 = \underline{1.72} \quad (\text{H}.15)$$

なお，この設計点を S-N 曲線の図にプロットすれば，**図 H.3** のようになる．

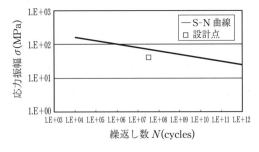

図 H.3 ランダム振動負荷に等価な設計点
設計点を S-N 曲線の図にプロットすることにより安全裕度を視覚的に把握できる．

付録I 大ひずみにおける各種ひずみ

「ひずみ」というものには，実は様々な定義のひずみが存在する．定義のいくつかの例を下に示す．ひずみが小さいときは，どの定義でも差はない．ひずみが大きくなったときに，材料挙動をどのような考え方で捉えるかで，使用するひずみが違ってくる．

No.	項目	説明
1	工学ひずみ ε [*1]	最もよく使われる通常のひずみ．慣用ひずみとも呼ばれる．一方向垂直ひずみでは，$\varepsilon=(L-L_0)/L_0$ となる（注1）．このひずみについては，本文の第3章を参照されたい．
2	コーシーの微小ひずみテンソル ε_{ij} [*2]	ひずみをテンソルとして取り扱えるようにするために，せん断ひずみを工学ひずみの半分の大きさで定義したもの（例えば，$\varepsilon_{12}=\gamma_{xy}/2$）．垂直ひずみは工学ひずみと同じ大きさである（例えば，$\varepsilon_{11}=\varepsilon_x$）．
3	グリーンのひずみテンソル E_{ij} [*3]	$ds^2-dS_0^2=2E_{ij}dX_idX_j$ で定義されるひずみ．ここに，dS_0, ds：微小距離離れた2点間の距離の変形前，後の値，dX_i：2点間の座標値の差（変形前の値）．ラグランジュのひずみテンソルとも呼ばれる．一方向垂直ひずみでは，$E=(L^2-L_0^2)/(2L_0^2)$ となる．
4	アルマンシのひずみテンソル e_{ij} [*4]	$ds^2-dS_0^2=2e_{ij}dx_idx_j$ で定義されるひずみ．ここに，dx_i：2点間の座標値の差（変形後の値）．オイラーのひずみテンソルとも呼ばれる．一方向垂直ひずみでは，$e=(L^2-L_0^2)/(2L^2)$ となる．
5	ひずみ増分 $\delta\varepsilon$ [*5]	材料の全変形過程の中の微小変化部分によるひずみの変化．例えば一方向垂直ひずみの場合は，$\delta\varepsilon=\delta L/L$ となる．ここに，L と δL は変形途中の各時点での長さと伸びの増分である．材料の塑性変形挙動を表すのによく用いられる．

No.	項目	説明
6	対数ひずみ ε_L *6	$\varepsilon_L = \ln(L/L_0) = \ln(1+\varepsilon)$ で計算されるひずみ．このひずみは，一方向の垂直ひずみが加わった場合に，ひずみ増分を積分したものとなっている．真ひずみ，ヘンキーひずみ，有効ひずみとも呼ばれる．弾塑性挙動を示す材料の試験片の引張り試験の結果を応力-ひずみ曲線として整理するのによく用いられる．
7	公称ひずみ*7	通常，上記対数ひずみとの対比で使われる．引張り試験による応力-ひずみ曲線を表す際に，単純に試験片の元の長さに対する伸びの割合でひずみを求めたもの（この場合，応力集中における公称応力，公称ひずみとは違う意味で使われる）．
8	伸長比 λ *8	$\lambda = L/L_0$ で定義される量．工学ひずみ ε やグリーンひずみ E との間に，$\lambda = 1+\varepsilon = (1+2E)^{1/2}$ の関係がある．この伸長比 λ は，ゴムや生体組織などの大ひずみでの弾性挙動を表すのに用いられることが多い．

*1　engineering strain,　*2　Cauchy's infinitesimal strain tensor,
*3　Green's strain tensor,　*4　Almansi's strain tensor,　*5　incremental strain,
*6　logarithmic strain,　*7　nominal strain,　*8　stretch ratio
(注1)　上表において，L_0：もとの長さ，L：変形後の長さ．
(注2)　上記各種ひずみに対応して，応力についても各種応力が定義される．弾性ひずみエネルギ密度をそれぞれのひずみで微分したものを，対応する応力とするのが自然である．

事例I.1　ムーニー・リブリンの式とネオフッキアン・ソリッドの式

大ひずみにおける非線形弾性挙動を表すために，ひずみエネルギ密度をひずみの関数として表した各種ひずみエネルギ密度関数が提案されている．ここでは，ひずみに関する不変量の多項式として表した次の式（一般化リブリンの式）を考える．

$$W = \sum_{i,j=0}^{\infty} C_{ij}(I_1-3)^i(I_2-3)^j \tag{I.1}$$

ここに，W は弾性ひずみエネルギ密度（前述の式（3.6.7）の U_e，式（A.7）の F/V_0 に対応），C_{ij} は実験的に求める材料定数，I_1 と I_2 はひずみの不変量であり，

$$I_1 = \lambda_1^2 + \lambda_2^2 + \lambda_3^2 \tag{I.2}$$

$$I_2 = \lambda_1^2\lambda_2^2 + \lambda_2^2\lambda_3^2 + \lambda_3^2\lambda_1^2 \tag{I.3}$$

ここに，$\lambda_1, \lambda_2, \lambda_3$ は，ひずみの主軸方向の伸長比（前表の No.8 参照）である．

　式 (I.1) において，二つの項のみを考慮した次の式は，ムーニー・リブリンの式と呼ばれる．

$$W = C_{10}(I_1 - 3) + C_{01}(I_2 - 3) \tag{I.4}$$

　さらに，一項のみをを考えた次式はネオフッキアン・ソリッドの式と呼ばれる．

$$W = C_{10}(I_1 - 3) \tag{I.5}$$

　この式は，かなり簡単な式であるが，ゴムなどに，大きな圧縮ひずみが生じたときの非線形挙動を，比較的よく表すことができる*．

---

* ただし，大きな引張りひずみを生じたときの挙動の正確な評価のためには，さらに進んだモデルが必要といわれている．

演習 I.1　ひずみ不変量 I_1 を用いたネオフッキアン・ソリッドの式（上記の式 (I.5)）から，一方向の垂直応力を加えた場合の弾性ひずみエネルギ密度 W と伸長比 λ の関係式を求めよ．ただし，変形前後で体積変化はないとする．さらに，応力 σ と λ の関係式を求め，通常のフックの式と比較せよ．

[演習 I.1 解]　体積一定の条件は，

$$\lambda_1\lambda_2\lambda_3 = 1 \tag{I.6}$$

となるので，方向 1 に伸張比 λ で引張った場合を考えると，

$$\lambda_1 = \lambda, \ \lambda_2 = \lambda_2 = 1/\lambda^{1/2} \tag{I.7}$$

　上式を式 (I.2) に代入して，

$$I_1 = \lambda^2 + (1/\lambda^{1/2})^2 + (1/\lambda^{1/2})^2 = \lambda^2 + 2/\lambda \tag{I.8}$$

　上式を式 (I.5) に代入して，

$$W = C_{10}(\lambda^2 + 2/\lambda - 3) \tag{I.9}$$

応力は，$\sigma = dW/d\lambda$ だから，この式に上式を代入して，

$$\sigma = 2C_{10}(\lambda - 1/\lambda^2) \tag{I.10}$$

一方，ヤング率 E に相当するのは，$E = (d\sigma/d\lambda)_{\lambda=1}$ だから，この式に式 (I.10) を代入して，$E=(d\sigma/d\lambda)_{\lambda=1} = 2C_{10}(1 + 2/\lambda^3)_{\lambda=1} = 6C_{10}$ だから，

$$C_{10} = E/6 \tag{I.11}$$

上式を式 (I.10) に代入して，ネオフッキアン弾性の場合の一軸応力の式は，

$$\sigma = E(\lambda - 1/\lambda^2)/3 \tag{I.12}$$

となる．

一方，公称応力[*1]と公称ひずみ（工学ひずみ）が比例するとした場合（通常のフックの法則）は，

$$\sigma = E(\lambda - 1) \tag{I.13}$$

また，真応力（変形後の断面積で考えた応力）と真ひずみ（対数ひずみ）が比例するとした場合は，次の式のようになる[*2]．

$$\sigma = E(\ln \lambda)/\lambda \tag{I.14}$$

上の式 (I.12)(I.13)(I.14) による応力-ひずみ関係を比較して図 I.1 に示す．

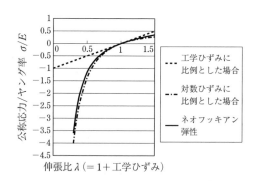

図 I.1　一軸応力におけるネオフッキアン・ソリッドの式の応力-ひずみ関係と通常のフックの法則の式による関係の比較

---

*1　式 (I.12) などで用いている応力 σ は公称応力（初期の断面積で考えた応力）である．
*2　体積一定とすると，初期断面積×初期長さ＝変形後断面積×変形後長さだから，真応力＝力/変形後断面積＝公称応力×λ となる．

図 I.1 より，公称応力-公称ひずみ比例を仮定して，単純に圧縮側に延長すると，変形後の長さが 0 以下になるという非現実的な結果が得られる．一方，真応力-真ひずみ比例の場合は，圧縮側で応力が増加し，圧縮しにくくなる（つまり長さが 0 にならない）という妥当な結果が得られる．この挙動は，ネオフッキアン・ソリッドの式の挙動に近い．ただし，応力の値は，より負の側となっていることがわかる．

演習 I.2 ネオフッキアン・ソリッドの式の材料定数 C_{10} は，統計力学の古典ゴム理論によれば，次式のようになる*．

$$C_{10} = nkT/2 \tag{I.15}$$

ここに，n は単位体積あたりゴム分子間の網目鎖密度，k はボルツマン定数，T は絶対温度である．

統計力学の古典ゴム理論を調査し，式 (I.15) の導出過程をまとめよ．

---

* ヤング率 E で表せば，$E = 3nkT$ となる．

付録 J　各種内部応力

内部応力は，外力が加わらなくても，材料内部に生じている応力である．このため，経験の少ない人には，それが発生していることに気づきにくい応力である．しかし，材料の強度や剛性に大きく影響し，特にマイクロ構造体を設計する上では，重要な因子となる．内部応力の発生原因には，下表に示すように様々なものがあるが，これらによって構造体中に発生する応力は，すべて熱応力と同様な考え方を基に解析できる．

No.	項目	説明
1	内部応力[*1]	外力が働いていなくても物体の内部に生じている応力．次のNo.2からNo.12のすべてを含む広い概念である．
2	残留応力[*2]	常温で生じている内部応力．
3	真性応力[*3]	半導体薄膜などで，膜を成長させている段階ですでに膜内部に生じている応力．（本文8.3節参照）
4	電着応力[*4]	電気めっきなどの電着によって生じる応力．
5	熱応力[*5]	温度変化によって生じる応力．
6	熱衝撃[*6]による応力	急激な温度変化による熱応力．高温の固体を急に冷たい液体の中に入れた場合などに，固体の表面と内部に大きな温度差が生じ，これによって大きな応力が発生し，破壊の原因となることがある．
7	組み立て[*7]による応力	寸法の異なる部品を強引に組み立てることによる応力（しまりばめなど），ボルトの締付けによって生じる応力など．
8	圧電効果[*8]による応力	圧電材料に電圧を加えると寸法変化（ひずみ）を生じる．この現象に起因して応力が生じる．
9	磁歪[*9]による応力	磁性体に磁界を加えると寸法変化（ひずみ）を生じる．この現象に起因して応力が生じる．

No.	項目	説明
10	表面処理*10による応力	材料の表面処理（例えば，ショットピーニングや浸炭処理など．）により生じる応力．
11	膨潤*11による応力	高分子材料は，液体にふれると，これを吸収して膨張する性質をもっている．これが膨潤であり，これによって応力が発生する．
12	化学反応*12や相転移*13による応力	化学反応や相転移によって体積変化が生じる場合，これによって応力が発生する（例えば，半導体プロセスにおける酸化膜形成による応力，鉄鋼材料の熱処理における bcc と fcc の間の相転移（相変態）による応力などがある）．

*1 internal stress, *2 residual stress, *3 intrinsic stress, *4 stress in electrodeposits, *5 thermal stress, *6 thermal shock, *7 assembly, *8 piezoelectric effect, *9 magnetostrictive effect, *10 surface treatment, *11 swelling, *12 chemical reaction, *13 phase transformation

事例 J.1　SiO_2 膜の吸湿膨張応力

半導体デバイスやマイクロセンサの保護膜として多用されている SiO_2 膜は，雰囲気中の湿気を吸収して膨張（吸湿膨張）する性質を有しており，これにより発生する残留応力変化のために，デバイス特性変化の問題を生じることがある．これは，高分子の膨潤（上記表の No.11）に類似した現象である．この吸湿膨張量は，表面に SiO_2 べた膜を形成したシリコンウエハのそり変化から求めることができる（本文の 8.3 節の図 8.5 参照）．

演習 J.1　ウエハのそりを標準環境温度（25℃）で測定して次の結果が得られたとする*1．
ステップ 1：膜を形成する直前（膜無しウエハ状態）：$10\mu m$
ステップ 2：SiO_2 膜のべた膜を成膜した直後（乾燥状態）：$50\mu m$
ステップ 3：水に浸漬し膜が充分に吸湿した状態で取りだした直後
　　　　　（吸湿状態）：$60\mu m$
このとき，(a) 膜の吸湿による残留応力変化量を求めよ．また，(b) 吸湿後の残留応力の絶対値を求めよ．
ただし，上記そりは，すべて SiO_2 膜側に凸のそりとする．シリコン基板

のヤング率は170GPaでポアソン比は0.07,厚さは500μm,SiO_2膜の厚さは1μm,そり測定のスパンは100mmとする.また,シリコン基板については,上記ステップ1では,残留応力はゼロで,上記ステップ2,3では,塑性変形は生じず,弾性変形のみが生じるものとする.

【ヒント】 本文8.3節の式(8.3.1)[*2]を用いて応力を計算する.(a)吸湿変化量は,ステップ2から3のそり変化量に対応し,(b)吸湿後応力絶対値は,ステップ1から3の変化量に対応する.膜側に凸のそりは,膜に圧縮側の残留応力が生じたことを示している.

[*1] ここで示した値は,一つの例であり,実際の値は膜質により大きく変化する.

[*2] 式(8.3.1)は,べた膜の応力*を求める式である.実デバイスの複雑な構造における応力を求めたい場合は,上記で求めたべた膜の応力を入力データとして用いて応力解析を行う.残留応力の入力機能のない一般的なFEMソフトでも,等価な熱膨張に置き換えて解析できる.対応関係は,次式である.

$$\sigma_f = -E_f \alpha_f \Delta\theta_f / (1-\nu_f) \tag{J.1}$$

ここに,σ_fはウエハそりから求めた膜の残留応力,E_f, ν_f, α_fは膜のヤング率,ポアソン比,線膨張係数,$\Delta\theta_f$は膜の等価な温度変化である.この式を満足する温度変化$\Delta\theta_f$を,吸湿膜部分のみに与えて熱応力解析を行えばよい.

[*] 式(8.3.1)は,膜の端部を除いたの部分(中央部分)の応力である.端部には,局所的に応力が集中する.これについては,本文第6章を参照されたい.

付録 K　各種構造タイプと対応理論

　材料力学においては，よく用いられる各種構造タイプごとに，解析理論が開発され，各種設計式が求められてきた．主要な構造タイプを下表に示す．これらの理論は，すべて，連続体力学の枠組みの中での，それぞれの構造タイプに応じた近似理論であって，その応力や変形の値は，それぞれの理論を知らなくても，連続体力学の基礎式に基づいた解析，例えば 3 次元ソリッド要素による FEM 解析を力づくで用いれば，求めることができるはずのものである．しかし，これら構造タイプ対応理論を勉強することは，それぞれの構造タイプにおける応力・変形の発生挙動を理解し，適切な構造を設計するための洞察力を得る上で有用である．

No.	名称	説明（主要対応理論）
1	控棒（tie-rod）	主として引張りを受ける棒状部材（棒の引張り理論）
2	柱（column, strut）	主として圧縮を受ける棒状部材（棒の座屈理論）
3	軸（shaft）	主としてねじりを受ける棒状部材（棒のねじり理論）
4	はり（beam）	主として曲げを受ける棒状部材（はり理論） （はり理論には，通常の真直はりに加えて，組み合わせはり，曲がりはりに関する理論も含まれる）
5	平板（plate）	平らな板状部材（板理論）
6	殻（shell）	曲面の板状部材（殻理論） （初等材料力学でよく扱われるものに，薄肉円筒と圧肉円筒の解析がある）
7	弦（string）	変形に対して主に引張りで抵抗する紐状の部材（弦理論）
8	膜（membrane）	変形に対して主に引張りで抵抗する膜状の部材（膜理論）

No.	名称	説明（主要対応理論）
9	中実体（solid）	縦横高さの寸法が同程度の部材（弾性論）
10	骨組み構造 (frame structure)	棒状部材で構成された構造で，下記11と12がある．
11	トラス構造 (truss structure)	部材間が回転自由なピン結合された骨組み構造で，上記1と2の組合せとなる．
12	ラーメン構造 (rahmen structure)	部材間が剛に結合された骨組み構造で，上記4と2の組み合わせとなる．
13	モノコック構造 (monocoque structure)	外板に応力を受け持たせた構造で，上記6で構成される．
14	中実体構造 (solid structure)	上記9で構成された構造

事例 K.1　マイクロセンサのダイヤフラム解析における板理論と膜理論

各種マイクロセンサにおいては，様々な物理量を検出するため，チップ表面にダイヤフラムを形成した構造が採用される場合が多い．ダイヤフラムのたわみは，センシング特性に大きく影響するため，これを高い精度で解析する必要がある．ダイヤフラムのたわみは，ダイヤフラムが厚い場合は板理論で表わされ，薄い場合は膜理論で表わされる．板理論では，たわみは板の曲げに対する剛性によって支配され，負荷に対するたわみの挙動は，基本的には線形である．一方，膜理論では，たわみは膜に生じている張力による剛性に支配され，張力の原因となる残留応力の影響を大きく受ける．また，たわみが大きくなると，非線形の特性を示す．この非線形性は，たわみにより膜がアーチ状となることによる剛性の増加と，膜が引き伸ばされることによる張力の増加の影響が掛け合わさることにより生じる幾何学的非線形である．

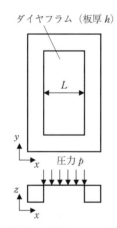

図 K.1　ダイヤフラム構造の例
たわみは，板厚 h が厚いときは板理論に支配され，薄いときは膜理論に支配される．

演習 J.1 ダイヤフラムたわみの支配理論が，板理論から膜理論へ遷移する条件を，数式を用いて示せ．また，残留応力影響と非線形成分の大きくなる条件も検討せよ．

ただし，ダイヤフラムは完全な弾性体でできた長方形の平板であり，周辺は完全固定，短辺の長さは長辺より充分短い[*1]とする．ダイヤフラムの面内方向（短辺方向：x方向と長辺方向：y方向）には均一な残留応力が生じている．このダイヤフラムの上面：z面に均一な圧力pが加わった場合について考えるものとする．

[*1] 短辺が長辺より充分短ければ，最大たわみの生じる中央付近のたわみは，長辺の長さには影響されず，短辺の長さLで支配される．このとき，板理論は，はり理論（長さLの両端固定はり）で近似できる．また，膜理論は弦理論（長さLの両端固定のひも）で近似できる．ただし，幅方向のひずみは固定されているので，通常のはり又は弦の式におけるヤング率Eの代わりに$E/(1-\nu^2)$を用いる*．

* 3.2節(2)の応力ひずみ関係 式において，ε_y, $\Delta\theta$, σ_zを0とすると，$\sigma_x = [E/(1-\nu^2)]\varepsilon_x$の関係が導かれる．

付録L 安全率その他

No.	項目	説明
1	安全率 f [*1]	安全率の定義は $f=\sigma_s/\sigma_a$（ここに，σ_s：基準強度[*a]，σ_a：許容応力）．経験的に決められた f の値を用いて，$\sigma_a=\sigma_s/f$ で σ_a を決め，対象構造物に発生する応力 σ が σ_a 以下になるように設計する．これがオーソドックスな強度設計法である．また，安全率の定義として，$f=\sigma_s/\sigma_{max}$（ここに，σ_{max}：作用最大応力）を用いて f を求め，この値で対象構造の安全性を評価する場合もある．安全率の代わりに下記の破壊確率を用いた設計も行われている．
2	破壊確率 P_f [*2]	対象構造物が破壊を生じる確率．強度の確率分布と作用応力の確率分布の"すその"の重なりあいから求める（下図参照）． 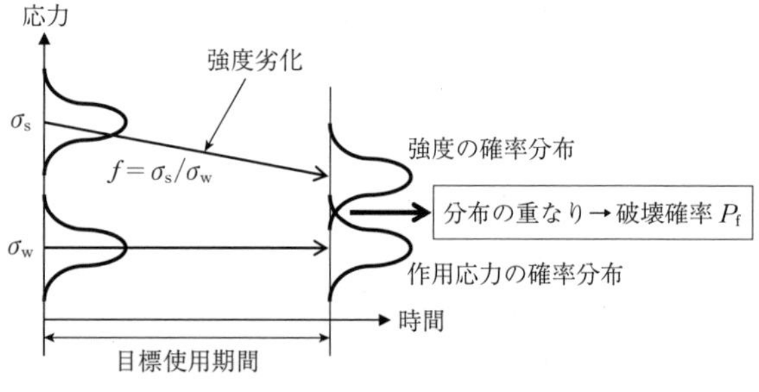
3	座屈 [*3]	構造体にある限界以上の圧縮荷重が加わったときに，変形が不安定状態となり，大きな曲げ変形を生じてしまう現象．荷重を支える柱や壁の設計で重要となる．オイラーの座屈理論が有名である．
4	接触応力 [*4]	二つの固体の接触部分に生じる応力．ヘルツの理論が有名．
5	動的応力 [*5]	慣性力が関与して生じる応力．共振や衝撃などにより発生する過大な応力が問題となることも多い．

No.	項目	説明
6	サンブナンの原理*6	弾性体の小部分に外力が加わる場合,外力の分布状態が変化しても,静力学的に等価であれば,外力作用近傍を除いた部分の応力や変形は同じになること.この原理により,多くの場合に,はり理論などの近似理論が有効となる.
7	ひずみ測定*7	ひずみゲージ法,クリップゲージ法,X線法,光学的方法など,各種方法が開発されている.
8	フラクトグラフィー*8	破面の形態から破壊原因を推定する技術.市場事故が起きた場合の原因究明などで活用される.

*a 基準強度 σ_s としては,想定される破壊モードによって,引張り強度,降伏応力,疲労強度などが用いられる.また,評価パラメータとして,応力の代わりに,ひずみや応力拡大係数,寿命などが用いられる場合もある(付録B参照).より合理的な設計を可能とするために,より適切な評価法を求める努力がなされている(本文5章8章などを参照).

*1 safety factor, *2 failure probability, *3 buckling, *4 contact stress,
*5 dynamic stress, *6 Saint-Venant's principle, *7 strain measurement,
*8 fractography

付録 M　新材料力学歴史年表

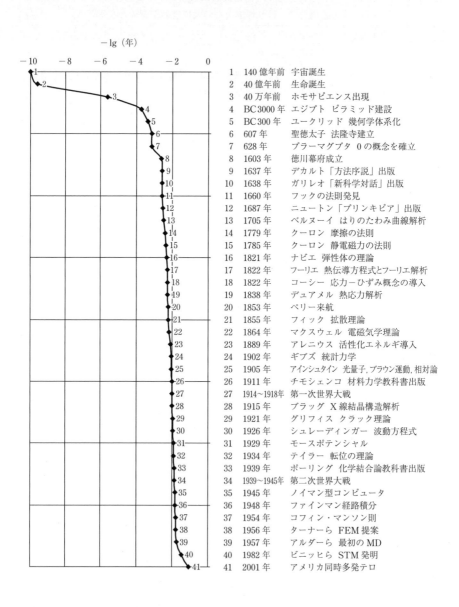

1	140億年前	宇宙誕生
2	40億年前	生命誕生
3	40万年前	ホモサピエンス出現
4	BC3000年	エジプト　ピラミッド建設
5	BC300年	ユークリッド　幾何学体系化
6	607年	聖徳太子　法隆寺建立
7	628年	ブラーマグプタ　0の概念を確立
8	1603年	徳川幕府成立
9	1637年	デカルト「方法序説」出版
10	1638年	ガリレオ「新科学対話」出版
11	1660年	フックの法則発見
12	1687年	ニュートン「プリンキピア」出版
13	1705年	ベルヌーイ　はりのたわみ曲線解析
14	1779年	クーロン　摩擦の法則
15	1785年	クーロン　静電磁力の法則
16	1821年	ナビエ　弾性体の理論
17	1822年	フーリエ　熱伝導方程式とフーリエ解析
18	1822年	コーシー　応力ーひずみ概念の導入
19	1838年	デュアメル　熱応力解析
20	1853年	ペリー来航
21	1855年	フィック　拡散理論
22	1864年	マクスウェル　電磁気学理論
23	1889年	アレニウス　活性化エネルギ導入
24	1902年	ギブズ　統計力学
25	1905年	アインシュタイン　光量子,ブラウン運動,相対論
26	1911年	チモシェンコ　材料力学教科書出版
27	1914〜1918年	第一次世界大戦
28	1915年	ブラッグ　X線結晶構造解析
29	1921年	グリフィス　クラック理論
30	1926年	シュレーディンガー　波動方程式
31	1929年	モースポテンシャル
32	1934年	テイラー　転位の理論
33	1939年	ポーリング　化学結合論教科書出版
34	1939〜1945年	第二次世界大戦
35	1945年	ノイマン型コンピュータ
36	1948年	ファインマン経路積分
37	1954年	コフィン・マンソン則
38	1956年	ターナーら　FEM提案
39	1957年	アルダーら　最初のMD
40	1982年	ビニッヒら　STM発明
41	2001年	アメリカ同時多発テロ

あとがき

　本書の冒頭で法隆寺の例について触れた．力学法則にかなった構造物は美しいと言われる．力学の表す自然法則の調和を素直に反映したものだからだろう．人類は，自然法則を活用することにより，繁栄してきた．そして，自然法則をより深く知るための努力を積み重ねてきた．その成果が自然科学である．中でも，人類の英知と情熱が凝縮され，結晶化したものが，力学の原理だと言えるだろう．そして，この原理を様々な技術へと結びつけ，活用することを可能とする，最も有用な学問の一つが材料力学である．

　材料力学を学ぶことを通して，自然法則の美しさを直感し，イメージし，活用する力は，われわれ，ひとりひとりの中にある．これは，古代ギリシャの哲学者プラトンが「イデア」と呼んだものに近いかもしれない．本書が，より鮮明なイメージを得るための一助となれば幸いである．

　本書は，多くの人々と出会い，そして様々な教示をいただいた結果として生まれた．早稲田大学の奥村敦史名誉教授と山川宏教授には，力学の奥の深さを教えていただいた．日立製作所の先輩，同僚の方々には，製品開発における基礎技術の重要性を教えていただいた．ここに記して心からの謝意を表したい．

2005 年 6 月

参考文献

第 1 章

[1] 奈良文化財研究所編：奈良の寺，岩波書店（2003-6）
[2] 清成忠男編訳：J.A. シュンペーター著，企業家とは何か，東洋経済新報社（1998-12）
[3] 野田又男編集：デカルト，中央公論社（1978）
[4] 設計論については例えば次の本が参考となる：山川宏：最適化デザイン，培風館（1993-4），日置進，他 10 名：現代機械設計学，内田老鶴圃（2002-10）
[5] 信頼性理論については例えば，岡村弘之，板垣浩：強度の統計的取扱い，培風館（1979-4）
[6] 半導体プロセス技術については例えば，西永頌：電子デバイスプロセス，コロナ社（1983-1）
[7] 分光分析技術の入門書としては例えば，加藤誠軌編著：X 線分光分析，内田老鶴圃（1998-2）

第 2 章

[1] ファインマン経路積分については，北原和夫訳：ファインマン，R.P.，ヒッブス，A.R. 著，ファインマン経路積分と量子力学，マグロウヒル出版株式会社（1990-7）
[2] 原子結合論については例えば，大野公一：量子物理化学，東京大学出版会（1991-6），小島忠宣，小島和子，山田栄三郎訳，ハリソン，W.A. 著，：固体の電子構造と物性，現代工学社（1983-5）
[3] Tersoff, J., Empirical Interatomic Potential for Silicon with Improved Elastic Properties, Rhys. Rev., B, Vol. 38, No.14 (Nov. 1988), pp. 9902-9905.
[4] Yasukawa, A., Using An Extended Tersoff Interatomic Potential to Analyze The Static-Fatigue Strength of SiO_2 under Atmospheric Influence, JSME International Journal, Series A, Vol. 39, No. 3 (1996), pp. 313-320.
[5] 保川彰夫：雰囲気影響を考慮した強度解析のための原子間ポテンシャル，日本機会学会茨城公演会講演論文集（2003-9），pp.71-72.
[6] 岩崎富生，他 4 名：シリコン結晶のラマン振動に対する応力効果：日本機会学会論文集（A 編），63 巻，611 号（1997-7），pp. 1511-1517.
[7] MD による材料強度評価についての簡潔な解説としては例えば，北川浩：分子動力学シミュレーションと材料の強度・機能の評価，日本機械学会誌，94 巻，877 号（1991-12），pp. 1000-1004.

第3章

[1] ゴムの大ひずみの理論については例えば，深堀美英：設計のための高分子の力学，技法堂出版株式会社（2000-10）
[2] 幾何学的非線形性については例えば，Timoshenko, S. P. and Gere, J. M., Theory of elastic stability, McGraw-Hill Book Company, New York (1961)
[3] 金属中の拡散や転位などの基礎については，例えば：幸田成康：改定金属物理学序論，コロナ社（1964-7）
[4] 応力テンソルについては例えば，奥村敦史：材料力学，コロナ社（1967-12）
[5] ボルツマン因子については例えば，小倉淑，一柳正和訳：David Chandler 著，統計力学概説，株式会社オーム社（1990-11）

第4章

[1] 弾性論についての著名な本：Timoshneko, S. P. and Goodier, J. N., Theory of elasticity, McGraw-Hill Book Company, New York (1970)
[2] はり理論については，奥村敦史：材料力学，コロナ社（1967-12）
[3] 応力拡大係数については，岡村弘之：線形破壊力学入門，培風館（1976-5）
[4] 有限要素法については：山田嘉昭ほか訳，Zienkievitz, O. C. 著，マトリクス有限要素法，培風館（1984）
[5] 中康弘，土居博昭，保川彰夫，今中律，小柳広明：磁気薄膜ヘッドのピール試験法によるはく離強度評価，材料，49 巻，2 号（2000-2），pp. 170-174.

第5章

[1] Sinclair, J. E., The Influence of the Interatomic Force Law and Kinks on the Propagation of Brittle Cracks, Philos. Mag., Vol. 31 (1975), pp. 647-671.
[2] 松岡祥隆，高橋幸夫，嶋岡誠，保川彰夫：半導体圧力センサのシリコン材料強度に関する検討，計測自動制御学会第 31 回学術講演会予講集（1992-7），pp. 501-502.
[3] Rice, J. R. and Thomson, R., Philos. Mag. Vol. 29 (1974), p. 73.
[4] 駒井謙治郎，箕島弘二：マイクロマテリアルにおける機械的特性とナノスコピック損傷評価，日本機械学会論文集（A 編），65 巻，631 号（1993-3），pp. 2-10.
[5] 疲労設計については次の本に詳しい：鯉渕興二，小久保邦雄編：製品開発のための材料力学と強度設計ノウハウ，日刊工業新聞社（2002-4）
[6] Ando, T., Takumi, T., Nozue, S., and Sato, K., Fracture Toughness of Si Thin Film at Very Low Temperature by Tensile Test, International Conference on Micro Electro Mechanical Systems (MEMS, Cancun, Mexico, 2011.1.23-27),pp. 436-439.
[7] Kamiya, S., Tsuchiya, T., Ikehara, T., Sato, K., Ando, T., Namazu, T., and Takashima, K., Cross Comparison of Fatigue Lifetime Testing on Silicon Thin Film

Specimens, MEMS '11, Cancun, Mexico, Jan. 23-27, 2011, pp.404-407.

第6章

[1] Yasukawa, A., Closed-Form Solution for Thermo-Elastoplastic Strains in Semiconductor Chip Bonding Structures, JSME International Journal, Series A, Vol. 36, No. 4 (1993), pp. 374-381.
[2] 保川彰夫，河合末男，鯉渕興二：異種材料の半田接合部の熱疲労寿命予測，日本機械学会講演論文集，No.760-2（1976-4），pp. 121-124.
[3] 結城良治編著：界面の力学，培風館（1993-2）
[4] 大塚寛治編：界面工学，培風館（1994-6）

第7章

[1] Manson, S. S., Thermal Stress and Low Cycle Fatigue, McGraw-Hill Book Company, New York (1969)
[2] Yasukawa, A., Kitano, M., and Sakamoto, T., A VLI Chip Mounting Structure Design Based on Computer Simulation by HISETS, IEEE Transactions on Electron Devices, Vol. 35, No. 11(Nov. 1988), pp. 1802-1809.
[3] Yasukawa, A. and Sakamoto, T., Simulation for Designing Semiconductor Packages with High Reliability under Thermal Cycling, Proceedings of 1988 International Symposium on Power Semiconductor Devices (Aug. 1988), pp. 36-41.
[4] Yasukawa, A., A New Index S for Evaluationg Solder Joint Thermal Fatigue Strength, IEEE Trans. Comp., Hybrids, Manuf. Technol., Vol. 13, No.4 (Dec. 1990), pp. 1146-1153.

第8章

[1] 結晶異方性については，Nye, J. F., Physical Properties of Crystals, Oxford University Press (Aug. 1985)
[2] Yasukawa, A., Shimada, S., Matsuoka, Y., and Kanda, Y., Design Consideration for Silicon Circular Diaphragm Pressure Sensors, Japanese J. Appl. Phs. Vol. 21, No. 7 (July 1982), pp. 1049-1052.
[3] 南谷林太郎，保川彰夫，小町谷昌宏，渡辺静久，日本機械学会論文集（A編）66巻，652号（2000-12），pp. 2261-2267.
[4] ピエゾ抵抗効果については，Kanda, Y., Piezoresistance effect of silicon, Sensors and Actuators A, Vol. 28 (1991), pp. 83-91.
[5] 守谷浩志，岩崎富生，保川彰夫，三浦英生：分子動力学法を用いたSi薄膜真性応力と微細構造の解析，日本機械学会論文集（A編），63巻，613号（1997-9），pp. 1999-2005.

[6] Michalske, T. A. and Freiman, S. W., J. Am. Cer. Soc., Vol. 66, No.4(1983), p. 284.
[7] Yasukawa, A., Using An Extended Tersoff Interatomic Potential to Analyze The Static-Fatigue Strength of SiO$_2$ under Atmospheric Influence, JSME International Journal, Series A, Vol. 39, No. 3 (1996), pp. 313-320.
[8] 久保司郎：破壊力学入門 4. 弾塑性破壊力学と J 積分，材料，32 巻，362 号，pp. 1285-1291（1983-11）
[9] Otsuka, K., Taneda, M., Yasukawa, A., Shirai, Y., Miwa, T., and Kitano, M. : Fatigue Life Prolongation Effect of Low Frequency on 40Pb-60Sn Solder, Proceedings of 43rd Electronic Components and Technology Conference (June 1993), pp. 997-1003.
[10] 宇佐美三郎，堀野正也，保川彰夫，金井紀洋士：はんだにおける非弾性挙動と疲労き裂の発生・進展，溶接学会論文集，19 巻，3 号（2001-8），pp. 521-536.
[11] 村上澄男：損傷力学，材料，31 巻，340 号（1982-1），pp. 1-13.
[12] 保川彰夫：半導体チップ接合はんだ層の熱疲労き裂進展挙動の簡易解析，日本機械学会論文集（A 編），60 巻，570 号（1994-2），pp. 309-316.
[13] 寺崎健，谷江尚志：ボイドを含む微細はんだ接続部の疲労き裂進展挙動の解析，Proceedings of 11th Symposium on Microjoining and Assembly Technology in Electronics (February 3-4, 2005, Yokohama), pp. 313-318.
[14] Black, J. B., Electromigration-A Brief Survey and Some Recent Results, IEEE Transaction on Electrons Devices, Vol. ED-16, No. 4 (April 1969) pp. 338-347.
[15] Kitamura, T., Ohtani, R., and Yamanaka, T., A Numerical Study of Stress Induced Migration in Aluminum Conductor of Microelectronic Package Based on Surface and Grain Boundary Diffusion, Advances in Electronic Packaging ASME 1992, Vol. 2. (1992), pp. 885-890.
[16] Iwasaki, T., Sasaki, N., Yasukawa, A., and Chiba, N., Molecular Dynamics Study of Impurity Effects on Grain Boundary Grooving, JSME International Journal, Series A, Vol. 40, No. 1 (1997), pp. 15-22.
[17] 樹脂の信頼性については例えば，大石不二夫，成沢郁夫：プラスチック材料の寿命，日刊工業新聞社（1987）．
[18] 界面の信頼性については，大塚寛治編：界面工学，培風館（1994-6）
[19] 電子デバイス・実装における材料力学上の問題を纏めたものとしては，白鳥正樹編，日本機械学会研究協力部会 RC-113 分科会報告書（1994-4）

付　録

[1] 統計力学については例えば：小倉淑，一柳正和訳：David Chandler 著，統計力学概説，株式会社オーム社（1990）
[2] 非平衡熱力学については，妹尾学，岩本和敏訳：イリヤ・プリゴジン，デイプリ・コン

デプテイ著，現代熱力学，朝倉書店（2001-5）
[3] 横堀武夫：材料強度学，技報堂（1955）
[4] 保川彰夫：Tersoff 型原子間ポテンシャルによる弾性定数の解析，日本機械学会茨城講演会講演論文集（2000-9），pp. 97-98.
[5] 非線形破壊力学については例えば，久保司郎：破壊力学入門 4. 弾塑性破壊力学と J 積分，材料，32 巻，362 号，pp. 1285-1291（1983-11）
[6] 界面の破壊力学については，結城編著：界面の力学，培風館（1993）
[7] 化学熱力学については例えば，千原秀昭，中村恒夫訳，P. W. ATKINS 著，アトキンス物理化学上下第 4 版，東京化学同人発行（1993-2）
[8] 保川彰夫，拡張 Tersoff 原子間ポテンシャルを用いた鉛の疲労き裂治癒に及ぼす吸着酸素影響の解析，日本機械学会論文集（A 編），69 巻，677 号（2003-1），pp. 195-202.
[9] Kittel, C., Introduction to Solid State Physics 5th edition, John Wiley & Sons. Inc. (1976)
[10] 岡田勲，大澤映二編，分子シミュレーション入門，海文堂出版株式会社（1989-12）
[11] 小倉淑，一柳正和訳：David Chandler 著，統計力学概説，株式会社オーム社（1990-11）
[12] 分光学については例えば，加藤誠軌編著：X 線分光分析，内田老鶴圃（1998-2）
[13] ランダム振動については，岡村秀勇訳，S. H. Crandall, W. D. Mark 著，機械技術者のためのランダム振動，コロナ社（1975-8）
[14] 材料力学の歴史については，最上武雄監訳，川口昌宏訳，S. P. Timoshenko 著，材料力学史，鹿島出版会（2007-6），S. P. Timoshenko, History of Strength of Materials, McGraw-Hill Book Company, New York (1953)

索　引

ア

アインシュタイン・モデル　*147*
ab initio calculation　*15*
鞍点　*151*
アントレプレナー　*2*
eV（エレクトロンボルト）　*187*
イノベーション　*2*
異方性　*120, 124*
異方性因子　*120*
HRR特異場　*159*
Si → シリコン
SiO_2　*85, 128, 129, 205*
Sn　*78, 87*
S-N曲線　*84*
NL　*49*
エネルギ解放率　*71*
エネルギ障壁　*130, 147*
エポキシ　*100, 137, 139, 162*
MO　*15*
MD　*16*
エルゴード性　*145*
LCAO　*23*
LDA　*15*
エレクトロマイグレーション　*136*
遠隔作用力　*24, 177*
延性材料　*76*
オイラー角　*122*
応力　*28, 44*
応力拡大係数　*68*

応力緩和　*33*
応力集中係数　*66*
応力特異場　*69*
応力の統計力学的平均　*145*
応力のゆらぎ　*47*
応力－ひずみ関係　*28, 76*
応力腐食割れ　*130*
おくれ破壊　*130*
音子　*21*
温度サイクル　*106*
温度ヒステリシス　*117*

カ

界面　*70, 100, 137*
拡散　*35, 147, 163*
確率波　*11*
重なり積分　*23*
活性化エネルギ　*131, 136*
ガラス転位温度　*137*
$\varGamma$空間　*143*
幾何学的非線形　*34, 208*
ギブズ集団　*143*
キャビティ　*132*
吸着　*10, 19, 129, 160, 166*
局所平衡　*144*
局所密度近似　*15*
き裂　*67*
き裂進展力　*71*
近接作用力　*24, 177*

クリープ限界　33
クリープ変形　33
グリフィス　71
けい素 → シリコン
結合エネルギ　80
結晶異方性　120
原子間ポテンシャル　17
原子間力　9
原子軌道　12
原子空孔　35, 163
原子レベル応力　44
光子　22
公称応力　66, 202
降伏応力　32
コーシー関係因子　121
コーティング　44, 63
コフィン-マンソン則　85
ゴム　33, 99, 137, 201

サ

最大主応力　40
材料非線形　34
座標変換　39, 122
酸化けい素 → SiO_2
3軸拘束　44
残留応力　127, 137, 204, 208
CRSS　41
C^*積分　159
J積分　158
自然酸化膜　85, 167
質点　9, 25
自由エネルギ　145, 152, 160
主応力　40

シュミット因子　41
シュレーディンガー方程式　15
シュンペーター　2
昇華エネルギ　82
シリコン　11
　——の異方性　123
　——の応力ゆらぎ　47
　——の原子間ポテンシャル　19, 156
　——の酸化による応力　128
　——の転位発生　139
　——の破壊挙動　76
　——の波動関数　11
　——の非直線誤差　49
　——のピエゾ抵抗係数　124
　——の疲労　85
シリコンチップ → チップ
樹脂　136
真性応力　127
スイープ加振　165
錫　78, 87
ストレスマイグレーション　136
スレーター　12
slow crack growth　130
脆性材料　76
静疲労　128
接合層剛性比　94, 99
接合層せん断ひずみ分布支配パラメータ　94, 99
遷移振幅　11
せん断遅れモデル　90
線膨張係数　30
相当応力，相当ひずみ　158
相当ヤング率，相当横弾性係数　98
速度過程　143
速度論　130, 143, 160

塑性変形　32
損傷力学　134

タ

ターソフポテンシャル　19
第一原理計算　15
大ひずみ非線形　33, 199
ダイヤフラム　208
ダイヤモンド型結晶構造　14, 77, 87
耐力　33
多体影響　19
弾完全塑性体　108
弾性定数　42
弾性ひずみエネルギ密度　29, 43, 45, 200
弾性変形　32
弾性率　122
弾塑性クリープ挙動　37, 110
断面係数　57
断面二次モーメント　56
チップ　76
　——の応力による電気抵抗変化　124
　——の温度ヒステリシス　117
　——の界面の剥がれ　137
　——の強度の確率分布　81
　——のクラック　103, 116
　——の材料　76
　——の初期き裂　81
　——の接合構造解析　99, 103, 115
　——の接合構造の熱弾塑性クリープ挙動　115
　——のひずみ検出感度　138
Tg　137
DFT　15

デカルト　3
転位，転位すべり，転位上昇　35
特異場，特異場パラメータ　69, 158

ナ

内力　10, 28
鉛　77, 121, 168
ねじり剛性　60
熱応力　31
熱サイクル　106
熱サイクル寿命　116
熱疲労　106
熱膨張　30
熱浴　144
伸び剛性　54

ハ

場　9, 193
パウリの排他律　24
破壊靭性値　80
破壊力学　69
破壊力学パラメータ　69
剥がれ　62, 72, 127, 137, 139
薄膜　70, 127, 138
はく離エネルギ　63
波動関数　11, 25
はり　55
パワースペクトル密度　195
はんだ　76
　——の材料組織　102
　——の熱弾塑性クリープ挙動　113
　——の破壊挙動　76

──のひずみ範囲計算　112
──の疲労き裂進展　132
──の見かけの降伏応力　114
──の見かけの横弾性係数　118
半導体チップ → チップ
反応座標　151
バンド理論　15
PSD　195
BO近似　15
ピーニング　128
ピール　62
Pb　77, 121, 168
ピエゾ抵抗効果　116, 124, 165
非経験的方法　15
ヒステリシスループ　85
ひずみ　29, 38
ひずみエネルギ密度　29, 43, 45, 200
ひずみ拡大係数範囲　133
ひずみ範囲　84
非線形現象　32
非調和性　21
非直線誤差　49
非保存力　24
表面エネルギ　71, 81
疲労　84
疲労き裂　132
疲労被害　162
疲労の雰囲気影響　166
ファインマン経路積分　11, 14
photon　22
phonon　21
不確定性　15, 25, 192
ブラックの式　136
分解せん断応力　41

分子軌道法　15
分子動力学　16
分析　4, 176
分配関数　145
平衡分布　144
平面応力，平面ひずみ　68
ベルヌーイ・ナビエの仮定　55
変位　38
ポアソン比　43
保存力　24
ポテンシャル曲面　15, 151
ポテンシャルパラメータ　19, 156
ボルツマン因子　144
ボンディングワイヤ → ワイヤ
bond　17

マ

マクスウェル応力　177
マクスウェル速度分布　146
マクスウェル方程式　15
曲げ剛性　56
ミーゼスの相当応力　158
ミーゼスの相当ひずみ範囲　158
見かけの降伏応力　112
見かけのヤング率　113
密度汎関数理論　15
モースポテンシャル　19, 154
モールの円　49

ヤ

ヤング率　29
有効断面二次極モーメント　60

要素　3
横弾性係数　29

ラ

ラマン分光　23
ランダム振動　194
リード　72

粒界　37, 132
量子力学　10
臨界せん断応力　41

ワ

ワイヤ　59, 63, 72, 134, 138

●著者略歴

保川 彰夫 (やすかわ あきお)

博士（工学）早稲田大学
1973年　早稲田大学理工学部機械工学科卒業
　　　　㈱日立製作所機械研究所入社，各種マイクロ構造体の設計技術に関する研究に従事
2000年　同社自動車機器グループ（現日立オートモティブシステムズ㈱）主任技師
現　在　早稲田大学　創造理工学部　非常勤講師
　　　　東京都市大学　工学部　非常勤講師
著　書：「界面工学」（共著，培風館），
　　　　「製品開発のための材料力学と強度設計ノウハウ」（共著，日刊工業新聞社），
　　　　「現代機械設計学」（共著，内田老鶴圃），
　　　　「表面・界面工学体系基礎編」（共著，フジテクノシステム），
　　　　「マイクロソルダリング技術」（共著，日刊工業新聞社），
　　　　「マイクロ接合・実装技術」（共著，産業技術サービスセンタ），
　　　　「Encyclopedia of Automotive Engineering」（共著，John Wiley & Sons. Ltd.）

増補版　新材料力学
マイクロ構造体設計の基礎

2015年2月6日　第1版第1刷発行

著　　者　保川　彰夫
発 行 者　麻畑　仁
発 行 所　㈲プレアデス出版
　　　　　〒399-8301　長野県安曇野市穂高有明7345-187
　　　　　TEL 0263-31-5023　FAX 0263-31-5024
　　　　　http://www.pleiades-publishing.co.jp
組版・装丁　松岡　徹
印 刷 所　亜細亜印刷株式会社

落丁・乱丁本はお取り替えいたします。定価はカバーに表示してあります。
ISBN978-4-903814-71-1　C3053　　Printed in Japan